开发潜能从小做起

KAIFA
QIANNENG
CONGXIAO
ZUOQI

王可 编著

WANGKE
BIANZHU

U0811519

中国出版集团
现代出版社

图书在版编目（CIP）数据

开发潜能从小做起 / 王可编著. — 北京：现代出版社，2011.9（2025年1月重印）

ISBN 978-7-5143-0250-9

Ⅰ. ①开… Ⅱ. ①王… Ⅲ. ①创造性思维-青年读物 ②创造性思维-少年读物 Ⅳ. ①B804.4-49

中国版本图书馆CIP数据核字（2011）第146913号

开发潜能从小做起

编　　著	王　可
责任编辑	杨学庆
出版发行	现代出版社
地　　址	北京市安定门外安华里504号
邮政编码	100011
电　　话	010-64267325　010-64245264（兼传真）
网　　址	www.1980xd.com
电子信箱	xiandai@vip.sina.com
印　　刷	三河市人民印务有限公司
开　　本	710mm×1000mm　1/16
印　　张	13
版　　次	2011年9月第1版　2025年1月第9次印刷
书　　号	ISBN 978-7-5143-0250-9
定　　价	49.80元

版权所有，翻印必究；未经许可，不得转载

前　　言

随着经济全球化的发展，社会的职业竞争也越来越激烈，而且竞争的核心是创新能力，因此也就越来越需要我们从青少年时期就具有创新思维和创新意识，不断学习创新的能力，以便将来在社会竞争中立于不败之地。

如果我们具有了创新意识，掌握了创新思维的方法和能力，我们能够比竞争对手更快地从各类现象、消息、知识以及经验中解读出与众不同的意义，并能从中发展出新的发现、新的技术、新的发明、新的方法、新的思想、新的作品、新的理念等，那么，我们就能够在竞争中取胜，创造属于我们自己的辉煌人生。

许多人认为智慧是一种天赋，是与生俱来的，这句话并不完全正确，的确有些人的遗传基因比较优秀，但并不一定就能发挥出来，并不一定就能成功。真正的头脑和智慧，是通过后天训练，进而激发出自己的潜在能力，才能使自己更聪明，更有创新能力。

训练青少年的思维，激发青少年的潜在智慧，培养青少年的创新能力，都要契合青少年的实际特点和个人兴趣。本书就从这两个方面为基本点进行整合，相信广大青少年朋友们一定会百看不厌！

本书是一本关于培养青少年思维能力、创新能力的智慧故事集，全书共收录许多具有创新思维和创新意识的智慧故事，从生活学习中的智慧、应对意外与危急、联想能力、看问题的视角、有效地说服别人、推断能力、打破固定思维模式、把复杂问题简单化等多个不同方面进行阐述和分析，是青少年提高思维能力的良好读物，相信广大青少年朋友们在阅读这些故事的时候，能够体会到创新的真谛，为他们将来走向社会参与竞争打下良好的基础。

目 录
Contents

善于观察才能发现真理

这个古鼎是假的 …… 1
银子上的味道 …… 2
蚂蚁帮助破案 …… 3
五张羊皮换人才 …… 5
奇妙的案中案 …… 6
到底是谁家的牛 …… 8
这样的母亲 …… 9
凶手就是你 …… 10
父亲的苦心 …… 12
梧桐树下的秘密 …… 13
必要的谨慎 …… 14
哑女告状 …… 16

抓住事物的本质来思考

擒贼先擒王 …… 18
战胜敌人先要麻痹敌人 …… 19
烧掉契据换人心 …… 20
明修栈道，暗渡陈仓 …… 22
后发同样可以制人 …… 23
欲擒故纵 …… 24
小利往往让你付出更大的代价 …… 26
改变顺序 …… 27
建立坚不可摧的信心 …… 28
谣言面前要保持冷静 …… 29
用银子做成的靶子 …… 31
真实就藏在角落里 …… 32

别把简单事情复杂化

海瑞巧讨圣旨 …… 34
筹集来的水晶大教堂 …… 35
镜子里的山鸡 …… 37
如此镀瓶 …… 38
真正的实惠 …… 39
重要的是实际应用 …… 41
不要想得太复杂 …… 42
赏赐不在多寡 …… 43
彭祖的脸有多长 …… 44

通过想象力培养创新能力

醉翁之意不在酒 …… 46

一物降一物 …… 47
特殊时刻不妨迂回进攻 …… 49
殊途而同归 …… 50
小东西会有大作用 …… 51
乱麻要用快刀斩 …… 52
分散敌人的力量 …… 54
去骑别人的马 …… 55
树立一种信念 …… 56
解不开就砸开它 …… 57
不要对困难过于夸大 …… 58

好的引用会增强说服力

人比马重要 …… 60
烛之武退秦师 …… 61
露出的锥尖儿 …… 63
《负子图》说服朱元璋 …… 64
为了你父亲的名誉 …… 66
温言软语是良药 …… 67
你想不想要一张钞票 …… 69
皇帝的是非 …… 70
说服别人的前提 …… 71
马夫被杀之后 …… 72
不要招来别人的反感 …… 73
极度渴望会丧失理智 …… 75

从哲理中发现真谛

变被动为主动 …… 76
三条忠告 …… 77
父子卖驴 …… 78
师父不如徒弟的原因 …… 79
不能抄经书 …… 81
别担心 …… 83
百岁画家 …… 84
金牛屙黄金 …… 86
一幅画的两种解释 …… 87
如此做长工 …… 89
你赢她输 …… 90
体会对方的处境 …… 91
都是粮食惹的祸 …… 93

找出事物的本质原因

说说谁更美 …… 95
解铃还需系铃人 …… 96
以幽默的方式给人建议 …… 98
雨怕抽税不敢降 …… 100
做最重要的事情 …… 101
苏东坡如何拒绝别人 …… 102
不可做荒唐的决定 …… 103
接受时间的考验 …… 105
给国王讲了一个故事 …… 106
像我这样的人很多 …… 107
失误也许是通往成功的大门 …… 108
避免更大的错误 …… 110
如此疏忽 …… 111

细心观察不断启发

让资产不断增值 …… 113

知识是随时都可以学到的 …… 114
成功来自偶然的策划 ………… 116
开始之前必做的准备 ………… 117
观察生活的细微之处 ………… 119
猜谜更是猜心 ……………… 120
建议的价值超过行动的价值 … 122
思维独立就不会盲从 ………… 123
这并不难办到 ……………… 124
草人借箭真人还 …………… 125
大作家如何一举成名 ………… 126
借助第三方的力量 ………… 128

分析细节发现真相

事情不像表面那么简单 ……… 130
到底是谁的儿子 …………… 132
谁动了公主的珍珠 ………… 133
马贼的自言自语 …………… 134
哭声不同 ………………… 135
旁敲侧击往往事半功倍 ……… 137
羊皮“说话” ……………… 138
狗不咬熟人 ……………… 139
不翼而飞的黄金 …………… 141
鹿死谁手 ………………… 142
尸体上的稻草 ……………… 144

从生活中学习种种智慧

榜样具有无穷的力量 ……… 146
平坦的路上不一定没有陷阱 … 147
迷信是因为你不敢怀疑 ……… 149
倾听别人的谈话 …………… 150
放别人一条生路 …………… 151
知识并非只从书本上学到 …… 152
不要忽视任何一个细节 ……… 154
偷梁换柱的假象 …………… 155
反向思维会轻松解决问题 …… 156
条件是可以转变的 ………… 157

细心调查才能深入了解

郑板桥上当 ……………… 159
匈奴人的疑虑 ……………… 161
掌握对方的心理 …………… 162
将美酒当成毒药 …………… 164
选择最重要的东西 ………… 165
从未见过 ………………… 166
给匈奴王的礼物 …………… 168
我自有道理 ……………… 169
一休以死谢罪 ……………… 170
学习不是刻板地模仿 ……… 171

打破传统思维的限制

小瓶子的用途 ……………… 173
听其言还要观其行 ………… 174
被自己淹死的小白鼠 ……… 176
做前人没有做过的事 ……… 177
只能用 4 颗钉子 ………… 178
让坏人自食其果 …………… 180

谁向谁学 …………………… 181
割鼻补眼 …………………… 182
吹嘘比赛 …………………… 183
粮车里走出的士兵 ………… 184
聪明人的眼光 ……………… 186

变换角度看问题

不要相信事物的外表 ……… 188
劣势可以变成优势 ………… 189
为国王画像 ………………… 190
幽默的智慧力量 …………… 191
弱小势力的生存策略 ……… 192
智慧赢得公主芳心 ………… 193
给乞丐化妆 ………………… 195
从危机中寻找转机 ………… 196
会做还要会说 ……………… 198
急于求成不如迂回战术 …… 199

善于观察才能发现真理

细心观察是认识事物的第一步，善于观察和分析，才能认识事物的本质规律，进而训练我们的思维能力和创新能力。

这个古鼎是假的

张策是五代十国时期后梁著名的经学家。据说，他年少的时候就才智超群，说话讲究有理有据，从不盲从，常常语出惊人。

有一次，乡里人在疏挖一口甜水井的时候，意外地挖出了一只古鼎。那古鼎虽然早已经锈蚀斑驳了，但铜鼎上铭刻着一行篆字却清晰可见：“魏黄初元年初二月，匠吉千。”加之古鼎做工十分精细考究，乡亲们都认为这是稀世的文物，兴奋不已。

张策听说挖井挖出了一只古鼎，也赶过来看热闹。他在古鼎前面看了一会儿，苦笑道：“这只‘古鼎’是后人假造的，绝不是曹魏时代的珍品。”

众人正在兴头上，听他这么一说，都觉得很扫兴。这时候，有个老者很不服气，冷笑道：“你这小孩儿不过十二三岁，怎么就知道这几百年前一个古物的真伪呢？”

张策也不气恼，只是慢条斯理地对老者说：“建安二十五年，曹操去世后，东汉年号就改为延康了。这年十月，曹丕接受了汉献帝刘协的禅让，做了皇帝，建立了魏国，改年号为黄初。这就是黄初元年，请问哪来的二月呢？可见，古鼎上的篆文说什么‘黄初元年初二月’，岂不是太荒谬了吗？”

老者听了，半信半疑，但是听他说得头头是道，也找不出好的理由来反驳他，只得不再言语。

众人都很想证实一下张策所说是真是假，于是就找来一本《三国志》核查，翻看一看，果然如张策所说，一点不错。如此看来，那口古鼎就是伪造的了。

大家见张策小小年纪，就有如此的学问，而且说起话来有理有据，都称赞他以后定会做一番大事业。

潜能开发

说话讲究有理有据，才能让人信服。凡是有一点判断力的人，都不会听信别人的一面之词。

银子上的味道

明朝嘉靖年间，河北知县宋清，因为断过不少棘手的案子，被百姓称为“铁判官”。

这一天，有个叫王讳的男子跑来告状，他说自己摆渡过河，艄公抢走了他50两银子。

宋清问他是做什么的。“小人贩卖蜜饯为生。”男子答道。

“你的银子放在哪里了？”宋清又问。“放在包袱里。”说着，王讳打开包袱，只见里面果有几盒蜜饯。宋清当即命衙役随王讳前往渡口捕拿艄公。

不久，两个衙役带来一个渔民装束的大汉，回禀道：“强盗已抓获，这是起获的赃银。”宋清打开包一看，正好50两银子。

大汉跪倒在地，连连喊冤。

宋清一拍桌案，问道：“你是干什么的？”“打鱼兼摆渡。”大汉回答说。

“这银两是哪来的？”宋清又问。

“这是我两年多的积蓄！”大汉理直气壮地回答说。

宋清听罢，思忖片刻，便命衙役将银子放到院子里。过了一会，他养的一只小黄猫便来到银两前东闻西嗅。见此，宋清又命将银子取回，问打鱼的艄公："你存这些银两，可有人知道？"

艄公道："昨天，我在芦花酒店喝酒，跟那里一位挺熟的小二说起过。"

不一会，店小二被带来了。宋清唤王讳上堂，问店小二是否认识此人。

店小二仔细地打量了一会，道："此人虽不认识，但记得他昨日在我店中喝过酒，昨日傍晚他与这位打鱼的兄弟，前后脚进店的。"

宋清点点头，一拍惊堂木，厉声道："王讳！你竟敢诬陷好人，还不从实招来！"

王讳脸色骤变，声音发颤大喊冤枉。

宋清已经知道事情真相了，于是喝问王讳道："刚才你说这银子是和蜜饯放在一块的，这银子在院子里放了那么一会儿，如果是你的，银子上肯定爬满喜爱甜味的蚂蚁。可现在上面连一只蚂蚁也没有，只有我的猫在银子上嗅来嗅去。这说明银子上有点鱼腥味，难道这银两的主人是谁还不清楚吗？"

王讳见事情败露，只得如实交代。原来，他昨天在酒店喝酒，听到打鱼艄公与店小二的谈话，便心生贪念，买了些蜜饯，又撕破自己的衣服，到公堂上谎称是被抢。可没想到，却被宋清识破。

潜能开发

任由王讳如何抵赖，银子上的味道是抹不掉的，而这才是如山的铁证。可是，并不是所有人都会使用这样的逻辑，因为联想的推理办法常常被人们所忽视。

蚂蚁帮助破案

1978 年 8 月的一天夜里，希腊某市的一家糖果厂的仓库门被撬开，仓库内的芝麻全部被窃。狡猾的盗窃犯没有在现场留下任何明显痕迹，警员们侦查了 10 多天，毫无结果。罪犯盗窃了那么多的芝麻，无疑是要出售的，于是，警察局派警员在码头、车站和交易市场上进行拦截和搜索，然而还是无济于事。工厂主只好求助于大名鼎鼎的私人侦探皮克得。

半个月后，皮克得打电话告诉工厂主：“被盗窃的芝麻藏在某村的一个地下仓库里，速请警方派人前往处理。”

警察局长带了几名警员赶往皮克得所说的村子。果真在一户农家贮存马铃薯的地下仓库里找到了大量芝麻。

经审讯，地下仓库的主人供认了与另外三名罪犯合伙盗窃芝麻的事实。这三名罪犯中，有一名是糖果厂的雇员。他们是趁着天黑，里应外合作案的。

出于好奇心，警察局长特地去拜访皮克得，问道：“请问你是怎么查到赃物的？”

“这是我的助手们的功劳。”皮克得得意地说，“它们的名字叫蚂蚁！我在侦查时，有一次在那个村口大树下发现了一队蚂蚁，每只蚂蚁都在搬运着一粒芝麻。于是我顺藤摸瓜，发现芝麻是从村里运出来的。我忙向村民们打听，知道那里从来没种这种芝麻，我感到这芝麻很可能就是糖果厂失窃的那些芝麻中的一部分，可能是被罪犯们藏在那个村子里了。经过跟踪，发现蚂蚁们的芝麻是从一间农舍里背出来的，经过了解，那间房子有一个地下仓库。你说，是不是蚂蚁帮了我的忙呀？”

原来，蚂蚁能互通信息，它们的活动往往是通过触角来联系的。

并且，同族蚂蚁身上有一种其家族特有的气味，当第一个报讯的蚂蚁在返回蚁巢的时候，它沿途会留下一些气味。即使这只蚂蚁不带路，它的同伙们也能追随这种气味，准确地找到食物。本案中蚂蚁成群结队搬运芝麻，是因为地下仓库的芝麻袋子裂开了，才泄露了秘密。

潜能开发

当然，如果皮克得这位大侦探没有这些生物学知识，不细心观察分析，也就不可能得到那些“微型助手”的帮助了，你说对吗？有些事情，乍看起来没有丝毫的破绽，但是，如果能够细心观察、认真分析，那么就不难找出突破口。

五张羊皮换人才

公元前655年，晋献公把大女儿许配给秦穆公，还送了一些奴仆作为陪嫁，百里奚就在这些奴仆的行列。

百里奚本来是虞国的大夫，很有才能。后来虞国被别国所灭，百里奚也沦为亡国奴。

晋献公知道他有才华，本想重用他，但百里奚却宁死不从。这次晋献公大女儿出嫁，有大臣对晋献公说："百里奚不愿做官，就让他做个陪嫁的奴仆吧。"

公子絷带着百里奚等回国时，半道上百里奚却偷偷逃走了。

秦穆公和晋献公的大女儿结婚后，在陪嫁奴仆的名单中发现少了百里奚。就追问公子絷。公子絷说："一个奴仆逃走了，没什么了不起。"

朝中有个从晋国投奔过来的武士叫公孙枝，把百里奚介绍了一番，认为他是个了不起的贤才。于是，秦穆公一心想找到百里奚。

百里奚逃跑以后，慌乱中逃到了楚国的边境线上，被楚兵当作奸细抓了起来。百里奚说："我是虞国人，是帮有钱人家看牛的，国家灭亡了，只好出来逃难。"

当时百里奚已经是六七十岁的老人，加上一路逃跑显得更加苍老狼狈，楚兵见他一副老实相，不像个奸细，就把他留下来看牛。

由于他很会牧牛，把牛养得个个都很肥壮，大家给他送了个雅号——"放牛大王"。楚国的君主楚成王知道后，就叫他到南海去放马。

秦穆公打听到百里奚的下落，就备了一份厚礼，想派人去请求楚成王把百里奚送到秦国来。

朝中大臣公孙枝说："我们一定不能送厚礼。因为，楚国让百里奚牧马，是因为他们不知百里奚是个贤能之士。如果您用这么贵重的礼物去换他回来，不就等于告诉楚王，你想重用百里奚吗？那楚王还肯放他走吗？"

秦穆公听了这番话觉得很有道理，问："那你认为我们怎么做好呢？"

"应该按照现在一般奴仆的价钱，花五张羊皮把他赎回来。"公孙枝答道。

秦穆公按照公孙枝所说，派了一位使者带着五张羊皮去见楚王，说：

“我们有个奴隶叫百里奚，他犯了法，躲到贵国来了，请让我们把他赎回去办罪。”说着献上五张黑色的上等羊皮。

楚成王没有想太多，就命令把百里奚装上囚车，让秦国使者带回去了。

百里奚拜见秦穆公后，秦穆公想请他当相国。百里奚推荐了自己的朋友蹇叔和蹇叔的儿子西乞术、白乙丙。秦穆公拜蹇叔为右相，拜百里奚为左相。没多久，百里奚的儿子也投奔到秦国来，被秦穆公拜为将军。

五张羊皮换来的却是五位贤士的辅佐。

潜能开发

自古以来，人才就是成就事业的根基，因此，凡欲成大事者，一定要善于发现人才、笼络人才，让人才为我所用。

奇妙的案中案

裴均是唐朝时候的襄阳节度使，他断过不少的案子。

按照当时的法律规定，家狗因能看门护院，为家效力，因此受到特殊的保护，倘若有人偷杀家狗，按法要从严治罪。

有一天，有人来告状，说他早晨开门，不见了看门黄狗，正寻找时，闻到邻居张二家传出阵阵狗肉香，推门进院见有黄狗皮一张，锅中正煮着狗肉。张二惊慌万分，承认昨晚偷杀了他家的狗。

裴均当即派人将张二传到堂上。张二向来为人老实忠厚，如今见了官差，更吓得浑身直打哆嗦。裴均没问两句，张二就照实承认了杀狗之罪。裴均很纳闷，张二这样一个老实人，怎么会明知道杀狗犯法，还故意杀狗呢。于是，就问：“你为何要杀狗？”

张二显出无奈的表情，叹息道：“都是因为我老婆生病，她说口中无味，想吃狗肉。”

裴均觉得很荒唐，就又问道：“想吃狗肉也不能捕杀别家的狗，你难道不知这样做是犯法的吗？”

张二见问，只得实话实说。原来，张二为人十分老实，但却娶了一个十分泼辣的媳妇。平时在家中，都是老婆说了算。张二对她唯命是从，从不敢怠慢。前几天，张二外出做工归家，只见老婆躺在床上，看样子是生了病。张二忙烧上几个好菜端到老婆面前，可她说没有胃口吃，并对张二说："医生刚才来看过，说此病只要吃狗肉便能治愈。"

张二家中没有养狗，而且在当时杀狗又是犯法的，因此，一时没有了主意。

老婆见张二犹豫，顿时变得很生气，骂道："天下哪有你这种丈夫，老婆病成这样，有现成的药方还不肯去弄。你难道希望我早死吗？"

张二是个老实人，平时本来就怕老婆，现在见老婆如此大发雷霆，哪还顾得什么法律不法律，只想着怎么样才能弄只狗来，做狗肉给老婆吃。

老婆看了看张二，又假惺惺地说："东边邻家养了狗，你去偷偷把它宰了，不会有人知道的。等我病好了，我们两口子也能好好过日子。"

张二果真在当天夜里把邻居家的狗引来杀掉了。

裴均听完张二的叙述，心中明白了一半，知道这件事情并不仅仅是杀死一只狗那么简单。于是，立即将张二老婆传来盘问。

见了张二老婆，裴均没有问狗的事情，喝道："大胆刁妇，与人通奸，竟引诱丈夫犯罪，以达到长期与奸夫同居的目的。还不从实招来！"

张二老婆被裴均的话吓了一跳，以为自己与人私通的事情已经败露。顿时变得语无伦次起来，支吾了半天，却说不出完整的话来。裴均知道事情果然如自己所料。张二老婆经不住盘问，招供承认：原来她确实与人暗中通奸，为除掉丈夫，便故意让张二去做犯法的事情。可没想到这一切竟被裴均看穿。

张二老婆明知杀狗有罪还指使丈夫去做，可见她并不爱丈夫，因为无论到什么时候，爱你的人永远不会把你往火坑里推，除非她想害你。

潜能开发

很多时候，事情并非其表面看来那么简单，可能当中隐含着更为复杂的真相。所以我们遇事要开动脑筋，冷静思考，理清事情的前因后果，方可最终找到真相。

到底是谁家的牛

唐朝时候，张允济充当武阳县令，他因善于断各种疑案而出名。

有一天，一个农民来告状。前一段时间，他到岳父家去住，家里的母牛无人照顾，于是，他就把母牛也一起带上，刚好帮岳父家耕地。耕过田地不久，母牛就生下了几头小牛犊。

岳父是个贪婪的人，他见了女婿家里又添牛犊，顿时心生贪念。等到女婿要回家时，岳父硬扣下了他的母牛和牛犊，还说这些牛都是自己的。女婿和岳父为此争论了半天，最后，女婿没有办法，只好来官府告状。

张允济听了农民的申诉，心想天下竟有如此贪心的岳父，气愤不已，决心要为农民讨回公道。

张允济想了想，顿时心生一计。他当即让差役将农民五花大绑，又用黑布将他头脸包扎好，对他说道："一会儿，到了你岳父那里，你不要随便说话，一切听从我的安排。本官自会将牛儿如数归还于你。"

接着，张允济坐上官轿，带着农民和差役直奔那农民的岳父家。

岳父在屋内见县令来了，赶紧跑出大门迎接。

张允济掀开轿帘，对他岳父说道；"本官刚捉到一个偷牛贼，请你将家里的牛统统赶出来，以便查核它们的来历。"

那岳父看着那个蒙面盖脸的"偷牛贼"，吓得魂飞天外，生怕自己被牵连到偷牛案件里去，连连向张允济磕头，还说："我们家里的牛都是自己养的，绝不是偷窃的！"

张允济追问道："你有什么证据？"那岳父赶紧回答道："这些牛都是我女婿家的，母牛是他前些时候带来帮我耕地的，牛犊是后来在我家生养的。"

张允济见岳父终于说出了真话，就让差役把偷牛贼的蒙头布撕开。

岳父一看，这哪是什么偷牛贼，分明是自己的女婿。顿时脸色大变，连连磕头求饶。张允济冷笑道："既然你承认牛儿是女婿家的，那就把它们统统还给他吧。"

岳父虽然很不情愿，但是也不敢违抗县令的命令，只得乖乖地把母牛和牛犊原数归还给女婿。

潜能开发

对待狡诈的人，用常规的办法是没有用的，只能为他们设下圈套，布下陷阱，然后让他们“主动”地跳下去。

这样的母亲

李杰是唐朝的河南府尹，他善于从常情常理入手，来推断案情。他曾经经手办过一个寡妇告儿子的案子。

有一天，一个长得颇具姿色的中年妇人来告状。她跪在公堂上，哭诉道：“我丈夫早逝，与独子相依为命，原指望儿子长大成人以后能尽孝道，可他现在不但不能尽孝，反倒对我又打又骂，这让我怎么活下去啊。”

李杰听了妇人的哭诉以后，心中觉得很纳闷：天下的母亲哪有不疼自己儿子的呢？可是从寡妇的言语中，却看不到一点对儿子的疼爱，反倒是满腹的怨言，似乎要置儿子于死地。想到这里，李杰又问道：“你守寡已经很可怜了，而且膝下只有一个儿子，他不行孝道，反做出如此伤天害理的事情来，倘如你说的都是事实，我一定让他坐死罪，你将来无依无靠不会后悔吗？”

那妇人干脆地答道：“不孝之子，哪里还心疼他？我恨不得让他立时去死！”

李杰见她对儿子如此咬牙切齿，就安抚道：“你的状子本官接下，你暂且回去吧。”

妇人走后，李杰便派人暗中调查那妇人的儿子平时所作所为。结果却与那妇人所说大相径庭。她儿子不仅斯文达理，而且对母亲极为孝顺。

李杰知道其中必有隐情。于是，派人又将那妇人传来。

李杰说道：“我已经派人调查过了，你儿子确实不孝。如此忤逆之子，实在该死。为严法纪，本官判他死罪。”

妇人脸上突然露出了惊喜之色，叩头道谢。

李杰当即命衙役把妇人的儿子捉拿归案，并对那妇人道：“你去买口棺材来，准备收殓他的尸体吧！”妇人应诺而去。

李杰派人暗中窥视她的行踪。只见妇人没有回家，而是匆匆忙忙地行至外面僻静处，早有一个道士等在那里，妇人对道士说道：“事情已经了结了。”

过了一会儿，妇人按照李杰的吩咐，果然准备了棺材。

差役把所见到的情景回禀了李杰。

李杰本来希望妇人能够及时悔改，不想她还是坚持治儿子死罪。

李杰命人把道士抓来审问，道士据实认罪。原来，他和寡妇早有私情，只是寡妇的儿子日益长大，屡次劝阻母亲不要和道士来往。母亲虽然表面上答应，背地里却在一直与道士私通。后来，道士就开始唆使妇人去陷害儿子，妇人起初不肯，但无奈道士软硬兼施，妇人最终还是选择了要害死儿子。

李杰听罢，非常气愤，当即下令斩杀了道士，并把尸体装进了那口棺材。寡妇觉得羞愧难当，一头撞死在公堂的柱子上。

潜能开发

反常的背后一定有不一般的原因，就像故事中的母亲执意置亲生儿子于死地，这本身就不符合常情常理，结果背后果然有阴谋。

凶手就是你

清朝的时候，在河北省清苑县有兄弟两人，他们都已经各自成家。虽说是兄弟两人，但他们的性格却相差甚远。

弟弟是好吃懒做的败家子，分得财产以后不长时间，他便挥霍一空。而哥哥则勤俭持家，还要经常接济弟弟。哥哥已经50多岁了，家有独子，早已娶妻，小夫妻俩很恩爱。

一天上午，弟弟的妻子又跑到哥哥家里借钱，只见侄媳妇在厨房里做饭，两人便拉起了家常。此时，侄儿从田里干活回家，进门便嚷饿，妻子马上盛饭给他，他便狼吞虎咽吃了起来。可是，他吃完后没多一会儿工夫，他忽然腹痛难忍，倒在地上翻滚了一阵，便七窍流血而死。妻子见状大惊失色，不知丈夫怎么会突然死去。而婶婶则一口咬定是侄媳妇谋杀亲夫。

哥哥告到官府，弟弟媳妇也到庭作证。官府严刑审问哥哥的儿媳妇，她受不了残酷的刑罚，便屈供了“与人通奸谋杀亲夫”，并乱指她的表兄是“奸夫”。他的表兄见了刑具十分害怕，便也胡乱招供了。

没过多久，有个总督来巡视，他听说了这个案件以后，心中纳闷：哪有光天化日之下谋杀亲夫的呢？其中一定另有隐情。于是，他就让另一个很有才能的知府重审此案。知府阅完案卷后，便传来与本案相关的人，分别讯问。

第二天，知府再次升堂，又把相关的人全部传来，说道：“昨天夜里，死者托梦告诉我说，毒死他的人，右手掌颜色会变青。”他边说边用眼睛观察众人的举动。然后，他又说，“死者还说：毒杀他的人白眼珠要变黄。”说完又仔细观察众人。

知府忽然拍案指着弟弟的妻子说：“凶手就是你！”

那女人大为惊慌，但却不肯承认。

知府说：“你还敢狡辩，刚才我说杀人者右手掌颜色会变青，别人都泰然自若，只有你急忙看自己的手；我又说杀人者白眼珠会变黄，别人都不动，只有你丈夫急忙看你的眼睛。这不是说明你们心虚吗？”弟弟的妻子无可狡辩，只好供出实情。

原来，弟弟夫妇整天好吃懒做，哥哥的时常接济他们还不满足，一心想要得到哥哥的所有财产。后来，他们就想用毒药毒死哥哥全家，因此，他们每次去哥哥家都身带砒霜，伺机投毒。那一天，弟弟媳妇见有机可乘，就偷偷在饭里放了砒霜，本想毒死哥哥全家，没想到侄儿着急吃饭，因此只毒死他一人。后来，弟弟和弟媳为了逃脱罪责，就诬陷侄媳。

可没想到，他们碰到了这个善于察言观色的知府，最终还是败露了。

潜能开发

人们心里面的每个细小变化都会表现在行动上，故事中的知府就是根据这一点找出真正的杀人凶手的。因此，善于察言观色，常常可以帮助你更好地了解别人的内心。

父亲的苦心

何武是西汉时期的沛郡太守，他曾经通过一把宝剑断了一宗遗产案。

事情是这样的：有一天，公堂里来了一个 15 岁的少年，他要告他的姐姐和姐夫。原来，这少年 3 岁的时候，母亲就去世了。他的父亲是个大富翁。没过几年，父亲病危。父亲觉得自己的女儿很不贤惠，女婿又是一个十分贪婪的人，恐怕他们为了争夺财产而祸及儿子的性命。于是，富翁在临终前，就召集族人在场，写下遗书，决定将全部遗产都交给女儿，只留下一支宝剑，说是等儿子长到 15 岁时再给他。现在，儿子终于长到了 15 岁，一天，他向姐姐、姐夫要那把宝剑。可是贪婪的姐姐、姐夫哪里肯给。少年于是就告到郡府。

何武听罢，当即传来少年的姐姐、姐夫，当堂对证。太守在大堂上当众宣读了富翁的遗嘱，并问道："此遗书是否是伪造的？"

少年的姐姐、姐夫忙回答说不是。

于是，何武命令交出富翁留下的宝剑。两个贪心不足的人很不情愿地递上宝剑。

何武对左右的官吏说："你们看，那富翁的女儿女婿连一把宝剑都不肯留给弟弟，可见是多么心狠贪财啊！那老翁事先是料到的，所以他认为，如果把财产留给儿子，儿子的性命必然难保。只得把财产暂时寄放在女儿女婿那儿。"

何武扬了扬宝剑又说："而这把剑，意味着要决断这件事情。他估计，今后女儿女婿必定不肯把剑给他儿子，到那时，儿子长到 15 岁了，其智力和体力足以保护自己。这样，告到州县，如遇到清正廉明的官员，或许能明白他这番苦心，就可为他的小儿做主。这老翁考虑得真是周到啊！”众官吏都点头称是。

何武最后做出了如下判决：根据富翁本愿，把现在被姐姐姐夫占有的富翁全部遗产都判给少年。

那女儿、女婿不甘心，被何武训斥了一顿，只得灰溜溜地退出去了。

潜能开发

一件看起来不起眼的小事情，却可能包含别人的一片苦心，而这份苦心却需要我们慢慢体悟才能感受得到。

梧桐树下的秘密

周新出任浙江按察使，尽职尽责。

这一天，他遇到了一件棘手的案子，一个少女在去菩提寺烧香后的当天晚上，被两个蒙面人抢走，至今仍然下落不明。周新调查了很长时间，但却毫无线索。他反反复复地想了案件的前后，可是仍然没有一点思路。于是，他就到院子的梧桐树下散心，忽然有一片叶子从树上落下，正落在周新的头上。由于现在正是夏季，他惊诧道：“这棵树为什么落叶这么早？”

旁边的一个书吏回答说：“这棵树是今春刚移来的，根没有扎稳，所以落叶早。”

这时候，另一个捕役插嘴道：“那倒不见得，城西风云山菩提寺内那棵梧桐树，叶子已落一半了。”

周新一听，觉得诧异。因为那失踪少女就是在去菩提寺烧香后失踪的，周新觉得有些蹊跷，于是决定前往察看。

老和尚法元听说周新光临，率众僧迎出山门。寒暄之后，法元陪着他在寺院里游赏起来。不久，便见到捕役说的那棵梧桐树，形状很好，可叶子果真落了一大半。

周新想起捕役的话，只有被移过的树由于扎根不深才会这么早落叶，于是，故意说："这棵树长得不错，就是叶子落得过早。可能是地下水分不足，把它移栽到别处就好了。"

法元听了这话，连忙阻拦说："如果移开这棵树它会死掉的。"

周新说道："你放心，别人移栽树木要在冬末春初才行，我在一年四季任何时间都能保证成活。"

法元有些发慌了，但是周新执意要挪，他也没有办法。

不一会，梧桐树的根就被刨开了，结果，下面居然有一具女尸，上前一辨认，竟是那名失踪少女。

周新下令让众捕役把老和尚带回府衙，经过审讯，和尚终于招认了害死少女的事实。原来：当天少女去寺中进香，老和尚见少女美貌，顿起色心，只是碍于寺中香客众多不便下手。于是，便派了两个弟子悄悄尾随到少女家里，天黑后，两和尚蒙面将少女抢至寺中，少女死活不从，老和尚一怒之下将她杀死，埋在了梧桐树下。

潜能开发

事出必有其因，同样的梧桐树，本该枝繁叶茂，可寺院里的却落光了半树叶子，其中自有落叶的因由。周新依此推断，终于破了少女失踪案。留心寻找事情背后的原因，会看清楚更多的真相。

必要的谨慎

孔循是五代时期后唐人，他向来为人小心谨慎，很少因为疏忽大意发生失误。

当时，孔循主持夷门代理军府事务，长垣县发生了一件很奇怪的事情：当地百姓家屡屡遭偷，可是，盗贼却迟迟抓不到。

最后，经过了很长时间，终于证实，这一连串的盗窃案都是该县四个大窃贼所为。于是，州衙当即下令限期将此四贼捉拿严惩。

可是，没有想到，窃贼早得风声，在官府去捉拿他们之前就逃走了。四个盗贼躲藏了一段时间以后，觉得如此躲藏非长久之计。于是，四贼就想出了一个办法，他们认为有钱能使鬼推磨。于是，他们就趁深夜偷偷地到县衙都虞侯、推吏、狱典家行贿，送给这些官员很多钱财，并许诺，如果能够帮助他们设法开脱，以后会有更多的谢礼奉上。

结果，这些贪官污吏见钱眼开，收下了钱财，并答应帮助摆平这件事。

到了州衙规定的限期，长垣县衙果真报说四贼已擒，案卷中明列了许多罪状，属十恶不赦，并据此判处死刑以示众。州府见证据确凿，便允准处决，并派孔循前往长垣监斩。

孔循平时理案十分谨慎，每次监斩前总要再问囚犯一遍，以免出现差错。这次，他看了案卷后，虽觉无可挑剔，但仍将四名囚犯提出询问。可他问了不少话，四个囚犯只是低着头，一声不语。

孔循见囚犯不吭声，便道："你们所犯之罪，实乃恶极。本官问你们多时却不回答，那就算默认不讳了。有什么话尽管说，否则来不及了。午时三刻将至，你们人头落地后悔也晚了。"

四个囚犯虽然看上去有些着急，但是仍低头不语。

处斩的时辰到了，孔循挥挥手，令衙卒及刽子手将囚犯推出处决。

四个囚犯被推了出去，可是他们却不断地回头看孔循，似有话要说的样子。

孔循见此情形，心中生疑，便把他们召回来再讯问。

经过审问，他们终于开口说话了：原来他们确有冤情，刚才狱卒硬用枷尾压住他们的喉咙，所以有话说不出来。

孔循支开左右随从。

四个人"扑通"跪倒在地上，连连喊冤。原来他们根本不是那四个罪大恶极的盗贼，而是四个穷百姓。那日在街上莫名其妙地被抓，到了县衙就被打得死去活来，硬要他们承认是盗贼。他们因吃不住酷刑只得屈招。

听说了四个人的冤情以后，孔循立即下令将此案移到州衙审理。真相很快大白于世：那四个百姓确实冤枉，这一切都是长垣县衙的官员收受贿赂后一手策划。最后，四个无辜百姓被无罪释放，那些包庇强盗的官吏们被送入大牢，四个强盗很快被抓获，被处斩示众。

潜能开发

多一份谨慎，也许只需要几分钟的时间，但是却可能避免很多不必要的麻烦和错误，就像故事中的孔循，就是因为他的谨慎，才使4个人没有成为刀下亡魂。

哑女告状

清朝雍正年间，徐昆任浙江金华知府，他因清正廉洁、秉公执法、办事高效而深得百姓的爱戴。下面各县很多存有疑点的案子报上来以后，徐昆都会认真办理，最终使案情水落石出。

最近汤溪县上报的一个案子虽已结案，但是徐昆觉得疑点众多，于是，决定亲自复审。

案情是这样的：该县有个乡绅叫魏七十，他中年丧妻，仅留下一个哑巴女儿。没多久，魏七十续娶了邻乡寡妇李氏为妻，李氏为乡绅生了一个儿子，儿子年幼刚刚学会走路。

谁知没过多久，李氏母子同时死亡。后来，有人在魏家墙外的池塘里发现她俩的尸体。李氏母子刚死，正遇李氏前夫的弟弟郦十九去探望嫂嫂。郦十九见嫂侄死得不明不白，便上告县官。正逢魏七十此时也来报案，说李氏母子溺水而死。

汤溪县官认为，尸体既是从池塘里打捞上来，当属溺死无疑。况且郦十九来告状也拿不出任何证据，于是此案就作溺死了结了。

徐昆看了案卷后，他认为其中有疑点，而县官处理该案又过于草率。于是，徐昆便换了民服，到案发地点进行察访。奇怪的是，他发现当地乡民对此案都不愿多说什么，每当问起，乡民们总是躲躲闪闪、吞吞吐吐的。这更引起了徐昆的怀疑，于是，他就干脆径直来到魏七十家。

这天魏七十正有事外出，家中只有魏七十前妻留下的女儿。此女早已长大成人，只因是哑巴尚未出嫁。

徐昆见哑女精神忧郁，似有难言之隐，当他指着墙上哑女生母的遗像时，她竟忍不住哭了起来。徐昆曾在案卷中发现魏的前妻是被虐待致死的。他想到哑女可能知道李氏母子的死情，只是说不出来罢了。于是，他便用手势与哑女交流，两个人的交流虽然很困难，但是徐昆一直耐心地看着，比划着，最后终于弄清楚了事情的真相。

徐昆已经知道了真相，回到金华，便将魏七十传来，直截了当地说：“李氏母子并非溺水而死，却是被你打死的！”

魏七十没有想到事情败露，听到如是说，顿时神色慌张。徐昆见他反应异常，知道哑女“所说”属实，于是，厉声喝问魏七十。魏七十见无可辩驳，只得招认：

那天，李氏正在蒸糕，孩子吵着要吃，就在孩子拿糕时候，由于怕烫，不小心打翻了糕盘。魏七十见了大怒，竟然把孩子打死。李氏见儿子惨死，就要揪住魏七十到官府评理。魏七十害怕吃官司，也将李氏打死。他将母子俩的尸体藏在空屋里，第二天，正遇郦十九前来探望，他就以母子两人淹死作为搪塞。郦十九走后，他就将母子尸体丢入池塘里，制造被淹死的假象。后来尸体被人发现，大家也都以为真的是被淹死。

案情终于弄清楚了，徐昆当即判魏七十斩首示众。要不是徐昆探访哑女，这个案子就被匆匆了结了，魏七十也不会受到应有的惩罚。

潜能开发

很多时候，希望就像是从石缝中钻出的小草，貌似不毛之地，但却常藏生机。哑女不能言，向她了解案情，貌似结果必然一无所获，可结果却远远出乎人们意料。有的时候，不是没有希望，而是我们放弃了希望。

抓住事物的本质来思考

认识事物，一定要透过现象看本质，这样我们才能不被表面现象所迷惑；而认识到事物的本质规律，才不会做错事情，甚至能够发现新的前人没有发现的规律。

擒贼先擒王

汉朝的张敞在京城做官的时候，当时京城内小偷很多，天天有人家被盗，于是家家关门闭户，但仍然无济于事。一些西域宾客的财物也时常不翼而飞。京城陷入一片恐慌。于是，皇帝令张敞限期捉拿小偷归案。

经过调查，从一些地方乡官那里，张敞了解到这些小偷拉帮结派，每个帮派都有头领。他们靠不义之财，尽情享乐。

于是，张敞下令把这些小偷头领都“请”来。头领们畏惧，个个磕头告饶情愿把不义之财全部充公。

张敞笑着说：“你们只要协助官府捉拿众贼，立功自赎，非但既往不咎，而且还可补为小吏。”头领们听罢张敞的话，一个个惊喜不已。觉得这是因祸得福、遇难呈祥了。可头领又担心一旦小偷们知道自己供出他们，一定不会放过他们，不免有些顾虑。

张敞想出一条妙计，要头领们依计行事，打消了他们的顾虑。

头领们回到家，马上准备酒宴，各自邀请本派所有小偷。这些小偷整天无所事事，沉迷于吃喝玩乐。一听说有好酒喝，一个个兴奋不已，准时赴宴，无一缺席。觥筹交错，杯盘狼藉，酒酣之时，小偷吆三喝四，自诩起窃技高超，财物颇丰。喝到后来，醉态百出。这时，小偷的头领神不知鬼不觉地把红土染在他们的衣襟上。

酒席一直到深夜才散，小偷们一个个喝得醉醺醺的。可他们没想到的是，刚一离开头领家，他们就被吏卒们抓了起来。

原来，头领们和张敞商量，在小偷喝醉以后，把他们的衣襟上染上红土作为标记，等到他们一走出头领们的家门，早等候在外面的吏卒们就一拥而上，把所有带有标记的小偷捉住了。

从此以后，京城很少有人丢东西了，百姓们也都感谢张敞。

潜能开发

古人论作战讲究“射人先射马，擒贼先檎王”，强调首先攻击敌人的要害。其实，任何事情都有其最重要的部分，只要抓住了要害，一切问题都会迎刃而解。

战胜敌人先要麻痹敌人

公元589年正月，隋朝要大举攻打陈朝都城建康。在这之前，隋文帝杨坚派遣吴州总管贺若弼率领隋朝军队，先从广陵渡过长江，袭击陈朝守军，为以后的大举进攻铺平道路。

贺若弼领命以后，率军进驻广陵，他知道此次不能强攻只能智取。

贺若弼先买了很多大船，然后把它们隐藏起来，以备渡江之用。然后，他又故意弄来了五六十只破船，搁在江边的小河内作诱饵。陈朝的探子看到以后，回去禀报说：“隋朝只有几十条破船，一定没办法渡江。”陈朝将领听说以后，对隋朝的军队也就渐渐放松了警惕。

过了几天，贺若弼的江边部队突然频繁换防。每次换防，千军万马都云集广陵，刀戈耀眼，旗帜如林，喊声震天，广建营帐。陈军得知情报，感觉如临大敌，恐怕是贺若弼大军全线压境，发兵渡江，忙紧急调集精锐部队开来，准备迎战。

可没过多久，他们才发现这只是隋军在换防，根本不是要发起大规模进攻，于是，连呼上当。因此，陈军的斗志又松懈了下来。

江边的隋朝部队仍在不断换防，陈军早已经习以为常。可他们哪里知道，贺若弼却在暗中悄悄调集军队，部署渡江大计。

在发起总攻之前，贺若弼还特意布置士兵沿着江岸来回打猎。隋军人喊马嘶，实际上在做渡江演习。陈军以为又是隋军在换防，因此，也不予理睬。

贺若弼策马江边，见时机已经成熟，便命令渡江。刹那间，万舟竞发，隋军一下子冲过长江。

这时候，陈军却一点防备都没有。当庐州总管韩擒虎带领五百壮士渡过长江，扑入陈兵驻地的时候，陈兵却一个个都喝得酩酊大醉。

贺若弼趁敌不备，渡过长江以后，势如破竹，很快就攻克了京口，生擒陈朝徐州刺史黄恪。

接着，贺若弼、韩擒虎一鼓作气，从南北两路一起猛攻，沿江的陈朝守军望风披靡，四下逃窜。贺若弼乘胜追击，一直打到陈朝都城建康，攻下了钟山。

这次的胜利为隋文帝杨坚以后平定陈朝都城建康打下了基础。贺若弼也因为克敌有功，而得到了重重的封赏。

潜能开发

想要战胜敌人，就先麻痹敌人，因为只有在麻痹状态下的敌人才是最脆弱，最不堪一击的。

烧掉契据换人心

战国时，齐王赏识孟尝君的才华，就拜他为相国。

孟尝君是一个出了名的喜爱人才的人，于是，很多有才华的人都慕名而来，甘愿做他门下的食客。据说门客最多的时候，竟多达 3000 人。孟尝君为了养活这些门客，只得向他的封地薛城的百姓放高利贷。

一年以后，由于薛城的收成不好，借贷了孟尝君钱的百姓都还不起利息。孟尝君不知如何是好，就问食客道：“有谁能替我到薛城去收债？”

这时，有个叫冯谖的门客说自己可以去。孟尝君高兴地接见了他，叫总管把合同契据给冯谖装载在车子上，让他到薛城去收账。

冯谖临行前问孟尝君：“债收齐后，买些什么东西回来？”

孟尝君答道：“家里缺少什么就买什么。”

冯谖驱车到了薛城，那里的百姓听说孟尝君派人来收利债，一个个叫苦连天。

这一切早在冯谖的意料之中，他没有催逼百姓还债，反而假托孟尝君的命令，把契据当众烧掉，告诉百姓说孟尝君知道百姓的疾苦，就决定把那些钱赏赐给百姓。老百姓听后，很感动，兴奋地都高呼孟尝君的名字。

冯谖回来后，孟尝君问他：“买了些什么回来？”

冯谖答道：“您不是让我‘看家里缺少什么，就买什么’吗？我想，你家里堆满了珍珠宝贝，畜栏里养满了良犬骏马，堂下站满绝色美人，你家里所缺少的只有义了，所以我就替你买了义回来。”

孟尝君感到奇怪，心想：从来没有听说过有人卖“义”的，忙问缘故。

冯谖说：“借你钱的，大多是穷人，眼下利上滚利，他们越来越穷，即使等着跟他们讨债十年，也讨不到，再逼他们的话，他们就会逃走。我擅作主张，打着您的名义，烧掉了所有那些无用的借据。这样，您封地的百姓就会更加亲近您，拥护您，我认为收回民心比收回利息更有用。”

孟尝君虽然心疼失去的那些钱，但是事已至此，他也无可奈何。

后来齐王听信谗言，罢免了孟尝君的官职。除冯谖外，那3000食客也全都离开，各奔前程去了。孟尝君只得回到自己的封地薛城，他还没到薛城，只见薛城的百姓纷纷赶来迎接他。孟尝君此时不无感慨地对冯谖说：“先生替我买的‘义’，我今天终于看到了，先生真是个目光远大的人啊。”

潜能开发

古代君主常常把“得人心者得天下”作为自己的座右铭。作为一个普通人，虽然不必把“得天下”作为自己的目标，但是处理好与周围人的关系同样重要。

明修栈道，暗渡陈仓

秦政权被推翻以后，项羽企图独霸天下，当时，能够与他抗衡的只有刘邦，因此，项羽对刘邦处处防范，但仍然不放心。

后来，项羽故意把巴、蜀和汉中三个郡分给刘邦，封他为汉王，以汉中的南郑为都城，想把刘邦关进偏僻的山里去。而把关中地区则分给了秦朝的降将章邯、司马欣和董翳，以便阻塞刘邦向东发展的出路。

项羽自封为西楚霸王，封地九郡，占领长江中、下游和淮河流域一带广大肥沃的地方，以彭城为都城。

当时刘邦虽然才智上胜过项羽，但是兵力不强。因此，慑于项羽的威势，不得不领兵西上，开往南郑，并且接受张良的计策，把一路走过的几百里栈道全部烧毁。一是为了便于防御，二是为了迷惑项羽，使他以为刘邦真的不打算出来了，以松懈他对刘邦的戒备。

刘邦到了南郑，拜韩信为大将，请他策划向东发展、夺取天下的军事战略。

韩信拟定了东征的计划后，命令樊哙、周勃等带领大队人马去修栈道，限三个月完工。可是烧毁的栈道接连有三百多里，高低不平，地势险要。修了没几天，就摔死了几十人。修栈道兴师动众，兴兵东征的警报不久就传到了关中。

守在关中的雍王章郴，一面派探子去打听修道的情况，一面调兵遣将去挡住东边的栈道口。

他听说韩信以前曾经钻过人家裤裆，可是，刘邦却拜他为大将，汉王的将士们都不服气，修栈道的徭役天天有人逃走，照这样下去，就算用一年的时间也不可能修好栈道，因此，就放松了警惕。

忽然有一天，传来急报说："汉军已经攻入关中，陈仓被占。"

楚军奇怪：栈道还没修好，汉军怎么就到了呢。

原来，韩信表面上派兵修复栈道，故意制造要从栈道进攻的假象，实际上却和刘邦率领汉军主力，暗中抄小路包抄到陈仓。汉军随即又攻占了雍地、成阳等地。章邯兵败，只得自杀。

没多久，翟王董翳和塞王司马欣先后投降。不到3个月时间，关中就变成了刘邦的地盘。

潜能开发

永远不要低估了你的对手，不要对他们放松警惕，因为当你疏于防范的时候，他们很可能已经在行动了。

后发同样可以制人

明朝天顺年间，有人上奏明英宗：锦衣卫指挥官门达犯有20多件违法之事，可是，他却反倒胁逼手下揭发袁彬密谋造反。

明英宗一时有些为难了，因为虽然也曾听说门达行为多有不端，但是现在门达位高权重，这件事情处理不好很可能出乱子，而袁彬一直对英宗忠心耿耿，还曾经在狩猎时有护驾之功，又怎么会有谋反的企图呢。

明英宗又看了一下奏章，发现奏章上的署名是京城民间艺人杨暄。于是，英宗马上把门达找来，让他去找杨暄问个水落石出。

杨暄应召而来，门达见了他就一脸怒气，而杨暄却神色坦然。门达阴沉着脸，厉声问道："大胆杨暄，那奏文内的事，分明是你造谣中伤本官！"

杨暄显出一副冤枉的样子："小人只是一个下贱艺工，既不识文断字，又同大人您无冤无仇，又怎么会造谣中伤您呢？其实，我是另有隐情啊。"门达马上屏退左右。

杨暄见四下无人，就神秘地对门达说："门大人，其实这都是内阁李贤教我干的！他只是让我把奏章递上去，至于奏章的内容，我实在是不知道啊。现在，大人您如果当着文武百官，在朝廷上质问我，我愿意把事情讲清楚。如此一来，李贤就没有话说了，大人您也不必蒙受冤屈了。"

门达听后，立刻露出了得意的神色，当即设宴款待杨暄。

第二天早朝，门达将此事上奏明英宗。明英宗当即传旨："诸位大臣都集中午门外。今天，朕要当着你们的面，把门达和袁彬的事弄个清楚。"

杨暄刚被领到午门，门达就直指李贤："原来都是你在搬弄是非，杨暄都已经交代了。"

李贤被这突然的质问弄得糊涂了，一时不知说什么才好。这时候，杨暄突然改口大喊道："我该死，我该死！我怎敢谋害他人？我是个市井小人，怎么有缘见得着内阁李贤大人？这实在是门达叫我死咬住李贤大人的。"

门达没想到杨暄会突然改口，知道是上了他的当，可是当着群臣的面，门达也不便发火。就在门达诧异的时候，杨暄镇定自若地说出了门达干的20多件违法乱纪之事。

门达不知所措，明英宗脸色顿变。从此以后，明英宗再也不信任门达了，再后来，因另一件事情受牵连，奸臣门达被贬往广西。

潜能开发

面对强敌，直接的冲突无异于以卵击石，只有善用缓兵之计，避其锋芒，然后后发制人，才能将敌人制服。

欲擒故纵

公元前244年的一天清晨，单于统率15万匈奴骑兵，发起了对中原赵国的掳掠战争。

对于匈奴的叫阵挑衅，赵国的守城将领李牧每次都高挂免战牌，不主动应战。这次匈奴的单于亲自率军对中原大规模进攻，叫嚣要踏平李牧的老巢。

单于率领匈奴骑兵一路进攻，竟然没有遇到一兵一卒的抵抗阻拦。于是，他们更加得意，一路谈笑着向前进发。

前天，他们已派小股部队前往赵营里骚扰，李牧的军队不战自败。匈奴兵不费吹灰之力便抢得百十头牛羊，还劫持了几十名赵兵。

多年来，李牧在雁门关安营扎寨，从不出战。单于认定李牧胆怯畏战，根本不把李牧那几十万驻边守军放在眼里。今天单于调动精骑 15 万，从正面发起了对赵军的进攻，意欲夺下雁门关。

匈奴前锋部队已攻入李牧大本营，发现赵军营中竞无一人。先锋官照实向单于报告。

单于不无得意地以为李牧畏惧，弃城逃跑了，于是命令军队全速开进。

正当匈奴主力部队全部进入赵军营地时，忽听军营四周号角齐鸣，喊杀声四起。只见四面八方无数的赵军步骑兵似乎从天而降，把单于的军队团团围住。单干急忙下令撤军。

这时候营地的出口早已经被赵军堵住，过去一向畏敌如虎的李牧军兵，似乎个个变成了雄狮，呐喊着，举着大刀长矛如潮水般向匈奴兵冲杀过来。

一场激烈的厮杀后，单干扔下 10 万多具尸首，带着数千人马，丢盔弃甲地逃了回去。

从此十多年里，匈奴兵再也不敢进犯赵国边境了。

原来李牧熟知匈奴骄横跋扈的习性，知道正面迎战，必然损失惨重。于是，便想出了欲擒故纵的办法。他命令部队坚守不战，规定：一旦匈奴入侵，全体将士务必回营自保，不得迎战，有敢捉拿匈奴人的处死！久而久之，匈奴人以为李牧怯懦胆小，根本不把他放在眼里。李牧见匈奴人放松了警惕，就上演了这一出“空城计”，结果用很少的兵力就歼灭了大部分来犯的匈奴人。

潜能开发

聪明的人总是会尽量用最少的付出换取最大的收益，这不叫投机取巧，而是取之有道。

小利往往让你付出更大的代价

在管仲的辅佐下，齐桓公征服了许多割据一方的小诸侯国，称霸中原，并且把齐国治理得井井有条。唯一让齐桓公头疼的就是楚国，因为楚国一直不愿意服从齐国的号令，而楚国的归顺与否关系到中原统一大计。

当时，齐国的许多大将都进谏齐桓公要求采用武力的方式，以兵威震慑楚国，令其俯首称臣，纷纷向齐桓公请战。但时任齐国相国的管仲不同意这样的做法，他认为齐、楚交战，兵力相当不分上下，战争不会很快结束。而且战争一方面会把齐国辛辛苦苦积蓄下来的粮草用光，另一方面，经过战争，齐、楚两国万人的生灵将化为尸骨。

众人都觉得管仲说的有道理，但也不知道除了战争还有什么别的方法征服楚国。但他们都相信管仲自有妙计。

管仲首先带着大将军们看了炼铜的情况。然后，他派了100多名商人到楚国去买鹿。当时的鹿是较稀少的动物，仅楚国才有。但人们只把鹿作为一般的可食动物，二枚铜币就可买一头。管仲派去的商人在楚国到处扬言："齐桓公好鹿，不惜重金。"

楚国商人见有利可图，纷纷加紧购鹿，起初三枚铜币一头，过了十几天，加价为五枚铜币一头。

楚成王和楚国大臣们听说了这件事情以后，都很兴奋。他们以为繁荣昌盛的齐国即将遭殃，因为10年前卫懿公好鹤而把国亡了，齐桓公好鹿正是重蹈覆辙。于是他们放松了对齐国的警惕，整天在宫殿里大吃大喝，等待齐国大伤元气，然后齐国必然不攻自破。

令楚人更为吃惊的是，没过几天，管仲竟然把鹿价提高到每头四十枚铜币。

楚人见一头鹿的价钱与数千斤粮食相同，纷纷放下农具，做猎具奔往深山去捕鹿；连楚国官兵也停止训练，将兵器换成猎具，偷偷上山了。

就这样，仅仅一年的时间，楚国的土地都荒芜了，倒是积蓄了不少的铜币。

管仲早料到楚人一定会到处去买粮食，于是提前发出号令，禁止各诸侯国与楚通商买卖粮食。就这样，楚人空有大堆的铜币，却买不到粮食。

没过多久，楚军人黄马瘦，战斗力全无。管仲见征服楚国的时机已经成熟，集结各路兵马，直奔楚国，楚成王自知实力的衰减已经完全不是齐国的对手，只好派大臣去求和，甘愿臣服齐国。

潜能开发

“人无远虑，必有近忧”，只是一味看重眼前的蝇头小利，到头来往往会付出更大的代价，结果得不偿失。所以，眼光一定要放远一点，放长线才能钓到大鱼。

改变顺序

齐国大将田忌，喜欢赛马。别看他在战场上可以叱咤风云，一到了赛马场上他就怎么也威风不起来了，因为他押中的马匹总是赛输。

一天，孙膑来到田忌家做客。酒席上，开始两人谈论关于两军交战的战略战术问题，谈得兴致勃勃，特别是孙膑那睿智的谈吐和惊人的韬略，更令田忌觉得兴奋。不觉酒过三巡，田忌不由自主地想起赛马的事，脸上愁云密布。孙膑觉得纳闷，赶忙问道：“请问你有什么烦恼之事吗？”

田忌告诉了他一直郁积在心头的苦恼。

孙膑听他说完后，微微一笑说道：“此事并不难，下次你不妨把赌注下大二倍，我保证你能赢！”

田忌半信半疑。孙膑却是一副成竹在胸的神情。

到了赛马那天，田忌当众押了1000两黄金。齐王和那些王公贵族们暗中嘲笑，他们都等着看他的笑话：这次他会输得更惨。

当时的赛马方法是：参赛者都要将各自的马分成上、中、下三等，而后依次轮赛。比赛完毕，只要你的马能连续赢得两场，你就算赢了。

田忌虽然按孙膑说的押上了大的赌注，但仍不免有些担心。

这时，孙膑走了过来，安慰他道："别担心，只要按照我说的做，一定可以赢得比赛。"

接着孙膑又叮嘱了一番："先把你的下等马对他们的上等马，再用你的上等马对他们的中等马，你的中等马最后才用。"

田忌一听，恍然大悟。连忙吩咐手下的人，如此这般地作了安排。

比赛结果不出所料，田忌胜了两场，赢得了1000两黄金。

田忌对孙膑的才华十分钦佩，后来在他的推荐下，孙膑当上了齐国的军师，在战场上屡建奇功，声名显赫，成为中国历史上杰出的军事家之一。

潜能开发

在同别人竞争的过程中，你所拥有的条件也许不如对方，但是只要善于利用和支配手中的资源，同样可以转败为胜，变劣势为优势。

建立坚不可摧的信心

南北朝北周明帝武成二年，北周军司马贺若敦率军驻扎在湖州城里，最近几日，总是不断有士兵偷渡降敌。贺若敦为此一筹莫展，坐立不安。

贺若敦想到最近的情况，不知如何是好：守军被南陈太尉侯琪围困在城内已好几个月了，城内粮草也即将用尽。士气低落，军心动摇。最近，经常有士兵偷偷出城投降陈军。起初一天只有三五个，后来发展到一天十来个。贺若敦为阻止士兵出城投降敌军，已经下令杀了几个逃兵。可是，许多受不了饥腹之苦的士兵仍冒死出逃。

贺若敦知道，如果在这样继续下去，自己就会不战自败了。想一个什么办法来禁止士兵投敌呢？他想到湖州城四面环水，投敌的士兵都是由敌方派人用船到北岸把他们接走的。能不能在船上做些文章呢？

第二天，贺若敦把士兵们叫来，吩咐了一番。一会儿，士兵们纷纷牵着战马出城来到河边，岸边是等候着的众多船只。士兵们开始牵马上船，当马蹄即将踏上船板时，他们就拿出早已准备好的皮鞭，使劲抽打马匹。那些战马一受到鞭打，纷纷掉头往岸上跑。这些士兵又把马匹拉上船，再次使劲把它们打退。这样反复训练，一连几日，在马的脑海中，逐步形成了条件反射：看到了船只就恐惧起来，任你怎样打，怎样拉，它也绝不肯上船了。接着，贺若敦命令二三十名精干的士兵，骑着那些受过训练的马匹，到水边向陈军假投降。

“我们是来投诚的，请放船过来接应我们吧。”北周士兵向南喊着。

于是，南陈士兵像往常一样，划着船过来了。船一停靠在岸，南陈官兵就上岸帮助北周降兵把战马往船上牵。可奇怪的是这些马匹说什么也不肯上船，还一边用脚踢刨着地面一边嘶叫着。

就在侯琪的士兵努力想把马匹拉到船上去时，早已经埋伏在岸边的贺若敦的兵将一齐冲了出来，他们和那些假投降的士兵一起，把渡过河来的侯琪的士兵全数歼灭，并且还缴获了侯琪的船只。

经过这次胜利，贺若敦的兵将士气渐渐振作起来，投降的人逐渐少了起来。即便有想要出城降敌的，侯琪的士兵也不敢过河来接应了。

潜能开发

太多的挫败会让人产生望而生畏的恐惧，从而开始怀疑自己的能力，只有经历多次的成功积累才能建立起坚不可摧的信心。

谣言面前要保持冷静

公元前284年，燕昭王拜乐毅为上将军，大举进攻齐国，接连拿下70多座城，并包围了齐国的莒和即墨。

燕昭王去世后，燕惠王即位。燕惠王做太子时，就和乐毅不和，即位后，对乐毅更是心怀疑惧。

齐国即墨守将田单认为现在是收回失地的大好时机。于是，往燕国派出大量间谍，让他们到处散布谣言，说：“齐国的国王早就死了，齐国的城市也只剩两座。乐毅之所以没有征服齐国，是因为他跟燕惠王有矛盾，害怕班师之日就是他的死期，于是，故意拖延时间，想以伐齐为名，拥兵自重，南面称王。”燕惠王听到以后，信以为真。于是，便派骑劫去代替乐毅做了上将军。乐毅只得逃到赵国，燕军军心涣散。

骑劫是一个有勇无谋的人，接替了乐毅的兵权后，求胜心切，一到齐国就拼命攻城。可是，田单偏偏不跟他交战，还命令城中百姓每次吃饭的时候，都要把供品摆在院子里祭祀祖先，结果引来很多飞鸟。

因为古人把飞鸟群集看作吉祥的征兆。燕军见即墨上空飞鸟成群，很奇怪。田单乘机散布谣言说：“上天给我派了一名‘神师’，教我用兵。”这时候，有个小卒走过来请求做神师。

田单果然让他当上了“神师”，对他恭恭敬敬，每次下令操练，都要打着“神师”的旗号。结果，这一招果然奏效。田单不但欺骗了燕军，也使部下个个服从他。

接着，田单又命人向燕军散布谣言说：“我最怕燕军割掉齐军的鼻子。”

骑劫听说后，就下令割掉了所有抓来的齐国俘虏的鼻子。守城的齐军一看，被俘虏去的齐国士卒全部被割掉了鼻子，都既气愤又害怕，唯恐被燕军抓去，于是把城池防守得牢牢的。

过了几天，田单又散布说：“我们的祖坟都在城外，如果被燕军掘掉，那实在太叫人寒心了。”

骑劫听说后，又命人去掘坟烧尸。齐国军民见状，更加痛恨燕军。

经过这两件事情以后，齐国军民对燕军早已经恨之入骨，叫嚣要报仇。田单见守城军民士气高昂，便拿起工具跟大家一起修筑工事，还把妻子编入队伍，把家财散发给士卒。全国军民都对他更加敬爱。

城池加固后，田单派遣使者，请求投降。田单在约定投降的前一天，集中了1000多头牛，并在红布上画了张牙舞爪的猛兽图案，把布披到牛身上。牛角上绑上锋利的短刀，再把浸了油脂的麻，系到牛尾上。然后又把城墙挖开几十个洞。黄昏时分，精选的5000名士兵将脸涂成五颜六色，带着兵器跟在牛的后面，一到城外，将牛尾上的麻点燃，牛又惊又痛，拖着“火扫帚”发狂地冲向燕军阵地，5000名士兵也紧随着冲出。燕军大败，主将骑劫也被乱军杀死。

田单乘胜追击，很快就收复了70余座被燕军占领的城池。

潜能开发

面对漫天的谣言，你是否能依然保持理性，依然保持清醒，不为谣言所左右？这似乎很难，但是却很必要。

用银子做成的靶子

北宋仁宗康定元年，党项羌的西夏王李元昊统兵大举侵犯宋朝。北宋命州判官种世衡到边城宽州抵御西夏入侵。

种世衡心想，要增强边防力量，单单靠军队是不够的，要把当地的老百姓都调动起来，共同防御敌人才行。可是，老百姓只关心生计问题，对习武射箭根本不感兴趣，怎样才能激励当地百姓练习射箭呢？

种世衡冥思苦想，终于想出一个好办法，他让人用银子当成箭靶！并规定：谁射中了箭靶，这银子就归谁。

告示贴出去没多久，很多老百姓都跃跃欲试。

第一天试射，宽州军营大操场内，挟弓带箭前来参加者如潮如云，不少僧人、道人、妇女都踊跃前来射箭。一天下来，种世衡没有食言，将银靶奖给了射中者。

从此以后，百姓们为了赢得银子，都争相练习射箭。大家射箭技巧越来越好，射中的人越来越多。种世衡把银子也都按照约定奖赏给这些射中了的人。

过了一段时间，百姓们练习射箭的热情已经变得很高了，种世衡想这时候该是增加难度的时候了。于是，他又让人把银靶的面积缩小、厚度加大，而总重量仍然不变，但是如此一来，射中的难度就加大了。百姓们为了赢得银子，仍然苦练箭法。

看着大伙儿练射箭技艺的热情高涨，种世衡又作出了一项新规定：分派徭役时也要射箭，射中者可以减免徭役或分配轻活；人们犯了法也要射箭，射中者可以减轻处罚，有的甚至免罪释放。

就这样，种世衡虽然从来也没有强迫过百姓练习射箭，但是宽州百姓却变得人人善射，边防力量也因此大大增强了。后来，西夏入侵边境，宽州军民一起奋起杀敌，大败西夏军队，西夏从此再也不敢来犯。

潜能开发

奖励总是能够让人更有热情地投入到某件事情当中去，因此，一种好的奖励机制的建立，将会更好地调动起人们的积极性，从而达到最高的效率。

真实就藏在角落里

明朝时候，周新任御史，他以执法严明，铁面无私而远近闻名。

由于他从不徇私情，很多皇亲国戚，贪官污吏既怕他，又恨他。可是他的正直却赢得了百姓的爱戴。很多百姓都说他是包公再世，甚至有人叫他“周公”。

周新出任浙江按察使时，很多亲朋好友前来祝贺。周新无意间，从一个朋友处了解到现任的县太爷喜欢瞒上欺下。因此，他决定好好察看一下民情。

周新想，如果自己以官员的身份去访察民情，百姓一定会有所顾虑，不敢说实话。后来，他灵机一动，想出了一个办法。

周新上任的第一天，没有穿上官服，而是换了一身旧衣服，他走在街上，故意撞上了县太爷的轿子。

这时候，县太爷正要赶着去接周新，见一个穿得破破烂烂的平民百姓撞轿，横眉瞪眼，把他怒斥一通，就命人把他打入了大牢。

这正合了周新的心意，原来，他早就打算好用这样的办法，混进大牢，然后好乘机了解这个县的民间情况。

周新被关进大牢以后，囚徒们问他犯了什么罪。周新笑了：“喝了口酒，撞上了县太爷去接大官的轿子。他令人打了我几板子，就把我送到这里来了。”

这时，一个上了年纪的囚徒忙惊呼：“你还算命好。你敢撞上他的轿子，要是平日不打你100下杀威棒才怪，幸亏他要急着去接大官呢！”

周新故作惊讶：“这县太爷，平时也这么草草办案的？”

囚徒们听他这样一问，一时都围了上来，把平日县太爷如何欺下瞒上，压榨百姓，都对眼前这个“穷书生”讲了。周新听得气愤，心想一定要好好惩治这个县官。

县太爷昨天快把全县找遍了，也没有看到按察使大人的人影，正在大堂上着急，心想：明明说大人要来上任，怎么还没到呢？难道出了什么意外不成？他正在胡思乱想，只见周新却从大狱中走了出来。

县太爷抬头一看，这不是昨天冲撞轿被送到大牢里去的那个人吗？周新面带怒色，又想到在牢狱中听到的关于县官的为人，更是生气。而县太爷见周新已经什么都知道了，担心被治罪，于是，主动交出官印辞职回乡了。

浙江境内各郡县官听说了这件事以后，都再也不敢玩忽职守。

潜能开发

真实永远只存在于不被人关注的角落里，而要想找寻到真实，只有以当事者的身份深入其中，体验其中，唯有这样，才会与真实碰面。

别把简单事情复杂化

有时候，我们想得太多，瞻前顾后，反而会把本来很简单的一件事情变得复杂，也许正应验了“聪明反被聪明误”这句话。而真正的智慧是把复杂的事情变得简单。

海瑞巧讨圣旨

海瑞为官清正，不畏权势，敢于“为民请命”。

在明朝嘉靖年间，全国赋税繁重，民不聊生，连中小地主也纷纷破产，民怨沸腾，天下不安。当时，嘉靖皇帝又十分迷信道教，根本不理朝政，还很厌恶进谏。朝中大臣都明哲保身，没有一个敢向皇帝进言半句。

海瑞看到这种情况，非常焦急，他想向皇帝进谏，劝皇上减收赋税，以安抚百姓，防止“乱民”暴动，但又怕弄不好惹得皇帝动怒，自己遭到斥责事小，老百姓也跟着遭殃可就麻烦了。因此，他思来想去，一时想不出个好主意。

嘉靖皇帝喜欢下棋。海瑞的棋下得很好，因此嘉靖皇帝常常叫他到宫中陪自己下棋。

据说，有一天，海瑞又陪嘉靖皇帝下横。他心中惦记着民间的疾苦，无心下棋，没有几步，就处于劣势。

“将军!”嘉靖皇帝得意地喊道。海瑞这才注意到自己的棋局不妙，他力挽被动局面，很快地又占了上风。

轮到海瑞“将军”了，他突然灵机一动，叫道：“‘将军’，天下钱粮减三分！"

嘉靖皇帝不明白他是什么意思，只管注意自己的棋了。过了一会儿海瑞又找到机会"将军"了，这一回，他一板一眼地唱道："'将军'，天下钱粮减三分！"

这一次，嘉靖皇帝听清楚了，但仍然不明白他这句没头没脑的话，只是觉得挺有趣的，念起来也十分顺口。所以，等到嘉靖皇帝"将军"的时候，他也学着海瑞的腔调高声叫道："'将军'，天下钱粮减三分。"

嘉靖皇帝话音未落，只见海瑞连忙弃棋离席，趴在地上，说："微臣领旨。"

嘉靖皇帝顿时丈二和尚摸不着头脑，连忙问海瑞："你领什么旨呀？这是怎么回事？"

海瑞严肃地回答道："万岁刚才不是说'天下钱粮减三分'吗？皇上体察百姓疾苦，臣一定尽力照办。"

封建时代，皇帝一开口，就是圣旨，就得照办。嘉靖皇帝一听海瑞这么说，哭笑不得，只得下令减轻全国的赋税。

潜能开发

在日常生活中，有些话不好直接对别人说甚至不能说时，不妨动动脑筋，想个办法让对方主动说出来。当然，这个办法一定要高明才能奏效。

筹集来的水晶大教堂

1968 年的春天，罗伯·舒乐博士立志在加州用玻璃建造一座水晶大教堂。

他向著名的设计师菲利浦约翰森表达了自己的构想："我要的不是一座普通的教堂，我要在人间建造一座伊甸园。"

约翰森问他预算时，舒乐博士坚定而明快地说："我现在一分钱也没有，然而100万美元与400万美元的预算对我来说没有区别。重要的是，这座教堂本身要具有足够的魅力来吸引捐款。”教堂最终的预算为700万美元，700万美元对当时的舒乐博士来说超出了能力范围，甚至超出了理解范围的数字。

当天夜里，舒乐博士拿出一页白纸，在最上面写上“700万美元”，然后又写下10行字：

1. 寻找1笔700万美元的捐款；
2. 寻找7笔100万美元的捐款；
3. 寻找14笔50万美元的捐款；
4. 寻找28笔25万美元的捐款；
5. 寻找70笔10万美元的捐款；
6. 寻找100笔7万美元的捐款；
7. 寻找140笔5万美元的捐款；
8. 寻找280笔2.5万美元的捐款；
9. 寻找700笔1万美元的捐款；
10. 卖掉10000扇窗，每扇700美元。

60天后，舒乐博士用水晶大教堂奇特而美妙的模型打动了富商约翰可林，他捐出了第一笔100万美元。

第65天，一位倾听了舒乐博士演讲的农民夫妇，捐出了1000美元。

第90天，一位被舒乐博士的精神所感动的陌生人，在生日的当天寄给舒乐博士一张100万美元的银行支票。

8个月后，一名捐款者对舒乐博士说：“如果你的诚意与努力能筹到600万美元，剩下的100万美元由我来支付。”

第二年，舒乐博上以每扇500美元的价格请求美国人，认购水晶大教堂的窗户，付款的办法为每月50美元，10个月分期付清。6个月内，1万多扇窗户全部售出。

1980年9月，历时12年，可容纳1万多人的水晶大教堂竣工，成为世界建筑史上的奇迹与经典，也成为世界各地前往加州的人必去观赏的胜景。

水晶大教堂最终的造价为2000万美元，全部是舒乐博士筹集而来的。

潜能开发

人们常说，行动是最美的誓言，但行动往往需要一种内在的动力来支撑，这种内在的动力就是信心。面对困难，只要我们树立坚定的信心，再配合以积极的行动，心中的梦想就会变成现实。

镜子里的山鸡

东汉末年，有一天，南方有个少数民族派人送给丞相曹操一只名贵的山鸡。

只见山鸡浑身长着艳丽的羽毛，五色斑驳，昂头挺胸，显得十分威武。

曹操见了大喜，可是任凭怎么挑逗，山鸡只是昂头挺胸，轻轻地“咯咯”叫，却不肯跳舞。

于是，曹操便下令：谁能叫这只山鸡跳舞，重重有赏。

大家听了，都跃跃欲试。有的人到山鸡面前挤眉弄眼；有的人在山鸡面前放声高歌；有的干脆抱着山鸡兜起圈来；有的竟跪在山鸡面前，不停地磕头……总之，大家把能想出来的办法都使尽了，可那山鸡还是呆呆地立着，没有任何动作。

曹操见状，又急又恼，忍不住脱口大骂。

这时候，有个姓苍的官员走上前来，向曹操建议说：“丞相，我的儿子苍舒，他人很机灵，常常和小动物玩耍说话，让他来试试吧。”

曹操问：“他多大了？”

“7 岁。”官员答道。

曹操犹豫了一下，最终还是同意了官员的建议。

苍舒奉命来到相府，观察了山鸡一会儿，灵机一动，想出了一个主意。于是，便让人拿来一面大镜子并把镜子竖在山鸡面前。

结果，那山鸡见到镜子里漂亮的山鸡，忍不住妒心大发，像孔雀似的张开了彩色的翅膀，蹦蹦跳跳地舞蹈起来。它使尽浑身解数想要压过镜子里山鸡的风头，可是，发现镜子里的山鸡也不示弱。结果山鸡越来越气愤，开始更疯狂地舞蹈。

曹操和左右大臣见状，都忍不住哈哈大笑。曹操连声夸赞苍舒，还重重地奖赏了他。

潜能开发

竞争对手不是敌人，而是最能激发起你的斗志的动力源泉。因此，对于对手我们应该抱着一颗感激的心，因为正是因为有了他们的存在，你才能够一直斗志昂扬而不懈怠。

如此镀瓶

宋徽宗平日里喜欢工艺器皿。有一次，有人送给他十只玲珑剔透的胆形玻璃瓶，他想让这些瓶子看起来更好看一些，便让一个太监去找工匠，把玻璃瓶子里面镀上金粉。

工匠们听了太监的话，都束手无策，因为要想在瓶里镀上金粉，必须用烧红的铁箅熨烙，才能妥帖。但是这些瓶子口小腹大，铁箅难以进入，而且这种玻璃瓶又薄又脆，一不小心就会破碎。

过了几天，这个太监到街市的店铺溜达，忽然看见一位锡工在店里扣陶器，手艺十分精巧。于是，太监回宫拿了瓶子给锡工，并说明了要在内壁踱上金粉的要求。锡工看了一眼，让太监明天来取。

第二天，太监来取瓶子的时候，那些瓶子果然成了金光闪闪的了。

太监高高兴兴地带着锡工进宫，并将此事奏明宋徽宗。徽宗见一只胆形瓶已都按要求镀了金，赞不绝口。又听说锡工是宫外的人，便要亲自看锡匠展示绝技。

只见那个锡匠先用特别的榔头敲击小金块，直至锻成像纸那样又薄又匀的金纸，把它紧紧地裹包在瓶外。看到这，那些宫内的工匠有点不服气了，心想：像这样的敲击，锻制金纸，谁不会啊？

那个锡工又将裹在瓶上的金纸轻轻地剥下，小心地夹在银筷上，再将它插入瓶中，又适当放进一些水银，把瓶口盖住，持着瓶儿上下左右晃动。过了半个时辰，锡工将瓶儿传示给众人，嘿，那金纸竟妥妥帖帖地附粘于瓶里内壁，完全没有什么缝隙。他用小指甲把瓶颈内壁的金纸捺压匀称平伏，这样就大功告成了。这时候，在场的工匠们都惊愕地睁大了眼睛，现在他们也不得不佩服这个锡匠了。

徽宗看得出神，问道："你是怎么想到用这种办法镀金的？"

锡工解释道："玻璃器皿都是十分娇脆易碎的，怎能让坚硬的东西在它上面锤击作业呢？唯独水银性子柔和可又沉重，进入瓶内晃动不会损伤玻璃，虽然它会稍销蚀金纸的表面，但这种损伤肉眼是绝对看不出来的。"

宋徽宗忙命令锡工将其余八只胆形瓶也踱上金粉，锡匠如法炮制，很快，十只瓶子都变成金光灿灿的了。

潜能开发

聪明人超出常人之处不在于他们天生的聪慧天分，而在于他们思维的缜密，他们往往能够考虑到每个细小环节，因此，做事情常常能够得心应手。

真正的实惠

纳斯尔到一家毡房里做客，这座毡房里住着两个吝啬的亲兄弟。

当纳斯尔走进毡房时，他们的锅里正煮着一只鹌鹑。一见纳斯尔，他们马上撤去了锅下的柴火，在锅架上挂上了一壶茶。

"你们干什么煮茶添麻烦呢？我们喝上一碗肉汤，让油花沾沾嘴唇，不就行了吗？"客人说。

"您先喝碗茶吧！锅里煮的只有一只鹌鹑，我和我弟弟两人打算睡觉时分别做上一梦，第二天喝早茶时，各自把梦讲述一遍，我俩谁的梦好，这只鹌鹑就归谁吃！"哥哥说。

“这么说，我也需要做梦吗？”纳斯尔问道。

“当然，您同样需要做梦。假如您的梦比我们两人的梦都好的话，鹌鹑就归您吃！怎么样？现在请喝茶吧！”

就这样，纳斯尔在这一对吝啬兄弟的捉弄下，饿着肚子躺下了。

第二天清晨，当他们起床穿衣服的时候，纳斯尔便问起梦来。

大哥说：“我梦见我的妻子和两个孩子全都披绸穿缎，骑着神鸟，在辽阔的蓝天里自由翱翔，穿过一团团白云，向天空中最美的太阳和月亮飞去。那里应有尽有，地上遍布着财宝，星星都簇拥在我们周围。”

弟弟接着说：“我哥哥在天空飞翔的情景，我也在梦中见到了。但是，我的梦更奇特。我一下子娶了 3 个老婆，又生下了 13 个孩子，我们全家想吃什么便有什么，过上了非常富裕的生活。我又被百姓们推选为可汗。一天，我们坐上了轿子来到了海边，然后，又坐上船，在无边无际的大海里游玩、散心。世上的百姓全都惊异地望着我们。可是，我们连看也不看他们。”

这时，纳斯尔说：“嗬，嗬，你们两个的梦都很有趣。我在梦中一直看着你们两个人干这又干那，我想：你们两个都过上了这样幸福、豪华的生活，一个在天上飞，一个在海里游，对你们来说，这口黑锅中煮的这只又小又不好的鹌鹑，还有什么用呢？于是，我半夜爬起来，把它吃了！”

两兄弟目瞪口呆，把锅盖掀起一看，肉真的没有了。

潜能开发

不管你的梦做得有多么好，你都不可能真正地去拥有梦中的东西。但是，在现实生活中，无论你做了多么微不足道的事情，也不管它是不是值得一提，这件事情却是真实存在的，是你可以拥有的。要知道，只有行动起来，才会得到真正的实惠。

重要的是实际应用

在森林里，住着一只见识广阔，满腹经纶，在社会上颇有地位的狐狸。这只狐狸熟读理论，常以专家自居，喜欢滔滔不绝地发表长篇大论。

有一天它外出，遇上一只从森林外边来的小花猫。闲谈时，小花猫仰慕这狐狸的“才高八斗”，因此便虚心请教。

小花猫问道：“尊敬的狐狸先生，近来生活困难，您是怎样度过的？”

狐狸说：“什么？你这只可怜的小花猫，每天只会捉老鼠，你有什么资格问我如何生活！真不识抬举！你学过什么本领？说来听听！”

小花猫很谦虚地说：“我只学会一种本事。”

“什么本事？”

“如果有只猎狗向我扑来，我就会跳到树上去逃生。”

“唉，这算什么本领？我可是精读百科全书，掌握上百种武术，我身边还有满袋的锦囊妙计呢！你太可怜了！让我教你逃脱猎狗追逐的绝招吧！”

说着狐狸想从袋子中寻找妙计。刚巧，这时一群猎人带了 4 只猎狗迎面而来。小花猫敏捷地一纵身，跳上一棵树，躲藏在茂密的树叶中。小花猫大声向正在惊慌得不知所措的狐狸说：“狐狸先生，赶快解开你的锦囊，拿出脱身妙计来！”

语毕，4 只猎狗已扑向狐狸，将它抓住了。

小花猫叹息道：“唉，狐狸先生，你会十八般武艺，却不会使一招半式。如果像我一样懂得爬上树来，你就不会落到这种凄凉的下场了！”

潜能开发

很多人讲起理论来头头是道，自以为自己很了不起，但到了需要应用时却往往不知所措。其实，理论只是文字的堆砌，一个人拥有多少理论并不重要，重要的是能够在实际中运用。

不要想得太复杂

有一天，动物园的管理员们发现袋鼠从笼子里跑了出来，他们感到很惊讶，因为笼子并没有破损。

经过开会讨论，大家一致认为发生这件事的原因，是笼子的高度过低，以至于袋鼠有能力跳出来。所以，他们决定将笼子的高度由原来的10米加高到20米。

但是第二天，他们发现袋鼠又跑到笼子外面了，管理员就觉得这事非常怪：10米已经非常高了，就算它们能跳出去，现在已经加到20米了，怎么还能出去？是怎么回事？

经过几次争论之后，他们决定再将笼子的高度提高。没想到两天后，袋鼠居然还是逃出了笼子！管理员们非常紧张，决定一不做二不休，索性将笼子的高度加高到100米！

“这样的高度，就算是恐龙再生，恐怕也难出来。”管理员心想。

于是他们便放心地回去睡觉，可是到了第二天，袋鼠还是一样不在笼子里。

“真是奇怪，怎么还能跳出来？真是见鬼。”一个管理员对另一个管理员说。

另一个管理员回答道：“我也不知道，要不到晚上的时候，我们来个监视？看看它们到底是怎么出来的？”

于是他们两个就这么决定了。

到了晚上，他们悄悄地到了离袋鼠笼20米远的地方观察，等了一个多小时都不见动静，其中一人不耐烦地说：“走吧，再这么等下去，不会有结果的。”另一个管理员正在犹豫，就在这时候，他们看见一只袋鼠出来了，可是它们并不是从笼子里跳出来，而是从大门光明正大地跳出来的。

他们一起走近大门仔细看，才知道：这几天他们的功夫都白费了，原来是大门没锁！

潜能开发

很多时候，我们的思维会变得固定而且僵化，事情的着眼点不对，费再多的力气也是无用。

赏赐不在多寡

后汉高祖刘知远率领大军进驻晋阳，终于实现了他的政治野心。他想到这么多年来，军士们不辞劳苦，跟随他南征北战，才有了今天的成绩。于是，想要好好犒劳这些军士，可是，这些年连年作战，军中早已空虚，哪来的钱赏赐他们呢？

刘知远为了这件事情，整日坐卧不安，可是，还是想不出一个解决的办法来。

这天，他把群臣和夫人李氏都找来商议犒赏之事。刘知远说："我们的军队为百姓打仗，转战南北，实在是辛苦。现在天下初定，理应好好犒赏三军。可是，现在军资不足，根本拿不出钱财来赏赐他们，我该怎么办呢？"

群臣们知道刘知远已有打算，不便多说，恭顺地听着。夫人李氏凭着多年对丈夫的了解，也知道他一定另有高策，因此，大家都不说话。

刘知远接着说道："我们可以从晋阳地区的老百姓手中征收财物，慰劳将士。各位以为怎么样呢？"

大臣有的说好，有的说不好。

这时候，李氏站起了来。她说道："从老百姓手中征收钱财来犒劳军士，这万万使不得。陛下想过没有，您在河东创立千古大业，老百姓为了我们，颠沛流离，吃了多少苦啊！现在，对他们还没有施行一点恩泽，却要从他们手中夺取赖以生存的资本，这怎么对得起天下的苍生呢？而且，现在天下刚刚平定，如果我们为了犒赏三军，大肆征敛，很可能引起民愤，天下有再陷入混乱纷争的危险。"

群臣不住点头，都觉得皇后说的有道理。

刘知远认真地听着夫人的话，也频频点头。问道："那么，将士们就不用犒赏了？"

皇后回答道，"陛下一心记得将士们的辛苦，这其实就是对他们最好的赏赐。这些将士们跟随您南征北战而毫无怨言，他们对您的忠诚并不是为了有一天能从您这得到多少好处。所以，您只要把军中所有的军资都拿出来分赏给将士们，并对他们把你的难处说清楚，他们一定不会对您有怨言的。因为他们更看重的是您没有在成功入主以后忘记他们的心意。"

于是，刘知远采纳了夫人的建议，把全部的军资拿出来，犒赏三军，并且说明了军资短缺的难处，以及对军士们这么多年辛苦的感激。结果，军士们果然没有一个有怨言，相反，他们都觉得刘知远是个有情有义的好皇帝。

潜能开发

军士们并不在乎奖赏的多少，他们看重的是刘知远得到了江山以后，没有忘记他们的付出的心意。生活中，无论是亲人、朋友还是不相熟的人，他们为你付出了，并不是想从你那里收取利息，只要让他们知道你还记得他们的好，他们就会觉得自己的付出是值得的。

彭祖的脸有多长

东方朔是西汉时期的第一聪明人，他巧舌如簧，足智多谋，很受汉武帝的赏识。

当时，汉武帝为了追求长生不老，大肆挥霍财富寻求仙丹妙药。据说有一次，一个方士献给汉武帝一坛"仙酒"，说饮了这壶仙洒就可以长生不老，延寿万年。汉武帝十分珍惜，就把它暂时珍藏起来，准备过些日子好好享用。谁知东方朔知道此事后，竟把这坛酒偷偷地喝掉了，汉武帝知道后龙颜大怒，喝令立斩东方朔。

死到临头，东方朔却大笑不已。

汉武帝忙问其故。

东方朔带着嘲讽的语气说：“方士说那酒是‘不死之酒’，如果这酒真能让人长生不死，那么，您就无法把我杀死。如果您杀死了我，说明这酒根本不是什么‘不死之酒’。如果您为了这假仙酒而将我杀死，不是要令天下耻笑吗？”

汉武帝本来就很欣赏机智的东方朔，本来就不打算杀他，只是一时生气想用这样的方式吓唬他。听他这么一说，觉得很有道理，于是就放了东方朔。

又有一次，汉武帝在大臣们聊天时，提到了《相书》，汉武帝觉得《相书》上说的‘人的人中如果长一寸，就可以活到一百岁’很有道理，就问大臣们的意见，大臣们不敢忤逆汉武帝的意思，于是都点头称是。

这时候，只有东方朔大笑起来。汉武帝面露不悦之色：“你笑什么？难道我说的不对吗？”

东方朔摇头道：“我哪里是笑陛下您呢？我是笑彭祖面长！传说彭祖活到800岁。如果按照《相书》上的话推演下去的话，那么彭祖的人中就应有8寸长，那他的脸该有多长呢？想到长脸的彭祖，我才忍不住笑的。”

汉武帝听了东方朔的解释，也跟着笑了起来。群臣一个个面露惭色不作声。

潜能开发

不知不觉中，我们总是在犯着自相矛盾的错误却不自知，其实，要避免的方法很简单，只要沿着你坚持的“真理”继续推演下去，看看得到的结论是否仍然是对的。

通过想象力培养创新能力

出新出奇是一种创新能力。一个人越有创新能力，他的观点和想法就越多，他成功的可能性就越大。要想使自己的处境出现转机，最好的办法就是做到出新出奇。

醉翁之意不在酒

北魏太武帝太平真君七年，安定卢水胡人刘超举兵造反。于是，太武帝派陆俟率军前去平叛。

陆俟知道刘超兵力众多，自己寡不敌众，因此只可智取不可强攻。

当天，陆俟单身骑马赶到刘超驻地。刘超心中暗暗得意：陆俟是怕以卵击石，只能来求和。

陆俟见了刘超，先鞠躬施礼，然后说道："太武帝恩威名扬四海，一旦发怒，大军压境，你的处境不会太妙。现在，我愿让我的儿子娶你的女儿做媳妇，我们两家永结亲家。太武帝面前，我也会力保你，让你久享荣耀。"

刘超听了陆俟的话，没有说什么，只是笑了笑，就让陆俟回去了。

当天，陆俟又亲率部下再来拜见刘超，想乘机摸清对方底细，制定突袭良策。只见刘超的心腹迎了出来，说道："我们首领不想见你们。他说了，您如果带 300 以上人来，我们就以刀剑相迎；您如果领 300 以下人来，我们就以酒肉招待。"

陆俟听了这番话，觉得心有不甘。回去后，马上挑选了 200 名士兵又来见刘超。刘超于是很有礼貌地接待了他。

陆俟暗中留心察看，只见悍将林立，戒备森严，根本没有偷袭的机会。陆俟美美地享受了刘超的款待以后率领手下就回去了。

回来之后，陆俟想：如果带手下人直接攻打刘超，刘超戒备森严，是绝对不行的，看来，只能另想别的办法了。

想到这，陆俟立即挑选了500名精兵，吩咐道："明天，我领你们假装外出打猎。刘超见了我们，一定会款待我们喝酒。你们一看见我做出喝醉的样子，就马上动手杀敌！"

按照计划，第二天，陆俟带着这500勇士外出打猎。他们一边引弓射箭追杀猎物，一边慢慢靠近刘超军营。

刘超见了，不知道这是个圈套，以为是陆俟出来打猎散心。于是，便把他们请进寨中，要好好款待他们。

刘超亲自把盏，跟陆俟慢慢对饮。陆俟还没喝上几杯，就有了醉意。陆俟部下会意，于是，还没等刘超反应过来，就已经操刀在手了。这时候，只见陆俟大喝一声："杀死刘贼！"说着，早已经手起刀落，砍掉了刘超的脑袋。

士兵们也奋力杀敌，刘超的部下见刘超被杀，于是，纷纷放下武器投降。就这样，陆俟轻而易举地平定了反叛。

太武帝听说陆俟成功平叛的消息后，很高兴，并且重重封赏了陆俟。

潜能开发

陆俟假装打猎，而实际上醉翁之意不在酒，刘超却落得个身死人笑的下场，究其原因，都是因为刘超太骄傲轻敌的结果。狼以为在与羊的战役中，自己会永远占据上风，结果却常常死在羊的手里。

一物降一物

南北朝时期，宗悫奉宋文帝的命令，率领5000人马，前去征伐林邑国。

宗悫率领兵马来到林邑国，刚指挥军队排成阵势，只见林邑国将士士气高涨：国王亲自擂鼓，众将士摇旗呐喊，杀声震天。忽见战旗招展处，1000多只经过训练的大象发疯一般向宋军猛冲过来。象群势不可挡，如入无人之境。而且大象皮厚力大，宋军将士的刀抢哪里抵挡得住？刹那间，宗悫部死伤无数，溃不成军。于是，宗悫赶紧收集残兵败将回到营中，召集谋士商议对策。

有谋士说："世界上的东西总都是一物克一物，据我所知，大象最害怕的莫过于狮子了。只是我们不可能找来那么多狮子啊。"

宗悫听了谋士的话，顿时想出了一个好办法。

几天后，宗悫再次与林邑国交战，双方都排开了阵势。

林邑国王又故伎重施，神气十足地命令驱赶出象群，排在阵前。一擂战鼓，大象又威风凛凛地向前冲锋。可是没想到大象刚冲了一半，就见对方阵地上竟扑出数百头张牙舞爪的花皮大雄狮，大象见了，吓得转身便逃，反朝林邑国军队横冲直撞起来。

不一会儿工夫，林邑国军队就被大象冲得溃不成军。宗悫趁势发动全面反击，林邑国的军队落荒而逃，宋军乘胜追击，结果大败林邑军，林邑国王被擒，只得归顺了宋朝。

宗悫是怎么变出那么多花皮大雄狮的呢？原来他听谋士说大象最怕狮子之后，就找来一批画师和工匠，让他们在3日内画出500头狮像，做出500只狮子模型。然后在双方交战的时候，宗悫命令士兵把假狮模型披在身上，大象见了，以为是真的狮子，一时惊慌，都吓得逃跑了。

潜能开发

俗话说："一物降一物"，大象虽然强壮，但在狮子面前仍然难免仓皇逃窜。可见，即使再棘手的问题，只要找对了方法，仍会轻而易举地得到解决。

特殊时刻不妨迂回进攻

隋朝时期，泉县有个恶霸叫冯弧，他倚仗做吏部侍郎的姐夫，无恶不作。

有一天，他与别人下棋，他的棋艺本来就不好，结果没下两局，就被对方杀得没有还手之力，他无理地硬要对方把棋收回去，对方不肯，于是，他恼羞成怒，竟用砖头砸死了对方。

此案告到知县魏复那里。魏复见冯弧一贯作恶，罪孽深重，就当即写了判处冯弧死刑的案卷，火速呈报京城，待秋后处斩。

但吏部侍郎批道："此案不实，请魏县主另议。"将案卷退回后，又暗暗给魏复写信，说明冯弧是他小舅子，让他从轻处理，将来保举魏复晋升高官。与此同时，冯弧家里托人送来了许多金银古玩、玉帛绸缎，请魏复网开一面。

魏复本来就是个公正廉明的好官，面对高官利禄的引诱，十分愤慨，痛责送礼之人，又把案卷呈报上去。可是，过一些时间案卷又被退了回来。

魏复见又被退了回来，又恨又恼，恨的是自己权小难以为民平冤，恼的是官场黑暗，徇情枉法。

他看着被退回的案卷，决心一定要让冯弧受到应有的惩罚。忽然，他心生一计。心想：这下冯弧一定必死无疑。

第二天，魏复第三次把案卷送到京城。吏部侍郎阅后，没细看案卷的内容，果然挥笔批了"同意斩处"4个字。

原来，魏复知道如果在案卷上写冯弧的名字，一定再次被驳回。于是，他就这样写了案卷："杀人犯马瓜，无故将人杀死，欲予斩首示众，特报请审批。"吏部侍郎见是马瓜，毫不犹豫地就批复了。

结果，批复回来以后，魏复就在"马"旁添了两点，"瓜"字旁加了"弓"字，变成"杀人犯冯弧"。

有了吏部侍郎的批复，魏复就命令衙役把冯弧抓来砍了头。当地的百姓知道这个恶霸被斩首，都奔走相告。泉县顿时间变得像过节一样热闹。

潜能开发

问题如果用直接的办法解决不了，就不妨拐个弯儿，绕过最艰涩的部分，一切都会因此而变得容易起来。

殊途而同归

钟毓和钟会兄弟2人，是三国时期魏国太傅钟繇的儿子。两兄弟虽然性格不同：钟毓憨厚，钟会调皮，但是2人从小都很聪明。

有一次，钟会与钟毓两兄弟趁父亲钟繇在睡午觉，就溜进父亲的房间去偷药酒喝。其实，当时父亲只是假装睡着，偷偷察看2个儿子的行动。

只见钟毓先向父亲跪拜，行了一个礼，然后才开始喝酒；而钟会不但不拜，反而在喝酒的时候，还向父亲做鬼脸。

父亲当时没有出声，事后问钟毓："我既已睡着，你为何行礼？"

钟毓回答说："我觉得偷喝药酒心中忐忑不安，不拜更觉不安。"

父亲又问钟会："你为何不拜？"

钟会答道："偷酒已属非礼，所以不敢行礼！"

钟繇见两个儿子回答得都很有理，满心欢喜，便没再加以责备，只是勉励他俩好好读书。

魏文帝曹丕得知钟家兄弟的才能，就命钟繇带着孩子来见。

钟毓和钟会都是第一次见皇帝。只见大殿上庄严肃穆，魏帝高坐龙椅，威严显赫，卫兵列队，刀戟并举，钟毓一见这副阵势，紧张得满面流汗，而钟会则若无其事。

魏文帝见状，问钟毓："你为什么流了这么多汗？"

钟毓如实回答说："战战惶惶，汗出如浆。"

魏文帝又问钟会道："那你为什么不出汗呢？"

钟会应声道："战战栗栗，汗不敢出。"

魏文帝和百官听了他们的回答，都齐声夸奖兄弟俩聪明过人。

后来，两兄弟长大成人，果然都干出了一番事业。

潜能开发

同样的问题，不同的人可以有不同的答案；同样，面对一件事情，不同的人也会采取不同的处理方法，所谓“条条大路通罗马”罢了。

小东西会有大作用

公元781年，也就是唐德宗建中二年。杨朝光叛变，叛军把临湍城包围得密不透风。

当时，临沼守军主帅是张丕。这一天，他亲自领兵到各营寨查哨。一路上，张将军看到，被围困这么久，官兵们虽然看上去都疲惫不堪，但却能够依旧各司其职：构筑街垒，瞭望敌阵，擦拭武器……

张将军看着这些士兵，心里面觉得很不是滋味：部队困守孤城已经一个多月了，城内物资消耗殆尽，官兵虽然依然坚持，但不知道还能维持多久。

突然，有人来报说：“将军，眼下城内只剩下不到三天军粮。”

“什么？粮草只剩下不到三天了？”张将军听了不禁一愣。

回到中军帐，张将军闭门不出，整天苦思突围之策。前几天朝廷派人冲入重围向张将军报告：朝廷已经派出将军马燧率兵来援救临沼。可是，最近几天，杨朝光的叛军把城围得更严实了，内外已不能联系。如何才能把城内即将断粮的情况送出城去呢？

张将军在书房内来回踱着。突然，他被墙上悬挂着的一幅古画吸引住了。那是前朝的一位大画家画的一幅牧童风筝图。在空旷的田野上，牧童手牵蝴蝶风筝在奔跑，那风筝高入云霄，以致在画面上看来已经很模糊了。张将军的心里突然一亮：对了，我也可以学学那牧童。

张将军匆匆跑出书房，找了一个工匠去做一只大风筝。

不一会儿，风筝做好了。这时，张将军也早已把紧急求援的情报写好，往风筝背后一贴。下午，在临沼城内突然升起一只风筝，它越飞越高，随着风势，升到了叛军军营的上空。叛军一看到这只奇怪的风筝，立即报告了杨朝光。可是，当杨朝光下令弓弩手用箭射击时，那风筝已飞到一百多丈高处，早已超出了弓箭的射程了。

过了没多大工夫，风筝就慢慢落到了地面上，正好落到马燧的营地中。马隧一看到风筝背后贴着的信：三天内不来解救，临沼将不攻自破！顿时明白了张丕粮草将尽，于是，立即点兵出击，直奔临沼城外。

且说张丕在城上看见援军来救，忙命人大开城门，率领兵士从正面攻击叛军。叛军两面受敌，坚持了没多久就败下阵来，仓皇逃走了。就这样，一只小小的风筝却解了临沼之围。

潜能开发

风筝本是作为娱乐的工具，但是在故事中这小小的风筝，却发挥了大作用。可见，小材也可有大用，关键是看你怎样去利用，怎样去挖掘小材中所潜在的大用处。

乱麻要用快刀斩

高欢是南北朝时期东魏的丞相，他家里有几个儿子，这些儿子在高欢的严格管教下，一个个知书达理，对父亲也是俯首帖耳，从不违逆父亲的意思。

在这些儿子中间，有个叫高洋的，他和别的兄弟们不同。他性格倔强，又总是违抗父亲的命令，因此，高欢很不喜欢他。

高欢平时严加管教这些儿子，就是希望他们长大以后都能成为国家的栋梁。他平日虽然知道这些儿子们大多很听他的话，但却不知道他们的才智如何，因此，一直很想考考他们。

这一天，高欢终于想出了一个题目。于是，他把儿子们都叫到跟前，说道：“现在，我给你们每人发一把乱麻，你们中间谁整理得又快又好，我就奖励谁。”说着，将乱麻分发到儿子们手里。

儿子们拿到乱麻后，一个个都全神贯注地清理起乱麻来。

那黄澄澄的团团乱麻，好似被人践踏过一样，麻线纠结缠绕在一起，孩子们费了很大的功夫，但仍然很难理出一个头绪来。

但是，这些孩子们都很有耐心，只见他们将乱麻一根根地抽出来，然后一根又一根地理齐。

就在其他兄弟都在认真地整理手中的乱麻的时候，只有高洋捧着乱麻既不抽头，也不理线，想了一想，去内室找来一把锋利的小刀，三下两下把乱麻齐刷刷斩断了。做完以后，就向高欢大声报告道：“父亲，我已经把乱麻整理好了。”

高欢没想到他会这么快就把乱麻整理好，于是，放下书本，从书房里走出来查看。他见高欢把那团乱麻斩断了，不由得勃然大怒道：“叫你理线，并没有叫你斩断它啊？”

见父亲大发雷霆，高洋却坚定而有力地答道：“乱者必斩！”

高欢听了这样的回答，不由得一愣，脸上的怒气顿消，暗暗想道：“从他的回答中，看得出他是有执政的气魄啊！将来必成大器！”

想到这，高欢高兴地夸奖了高洋几句，并且宣布高洋获胜，并且给了他奖赏。

后来，不出高欢所料，高洋长大后成了一国之君，他就是后来北齐的文宣帝。

潜能开发

很多时候，事情就如同故事中的一团乱麻一样，很难找到一点头绪，这时候与其花大量的时间去梳理，落得个徒劳无功的下场，还不如找来一把“快刀”把它们干脆地斩断，让一切重新开始。

分散敌人的力量

乌巢劫粮成功之后，袁绍虽然元气大伤，但是“百足之虫，死而不僵”，与曹操相比，袁绍的力量还相当雄厚，而且军队集中，曹操虽然乘胜向袁绍发起进攻，但一时仍难以取胜。

这时，谋士许攸向曹操献计道：“我们必须首先分散袁军兵力，然后才能各个击破。”

曹操忙问分兵良策。

许攸说：“我们可以扬言要调兵遣将，分路进攻：一路攻取酸枣、邺郡；一路攻取黎阳，断绝袁兵归路。袁绍听到这个消息，一定惊惶不安，必定分兵抵抗。这时，袁军的兵力必然分散，我们就可以乘此之机，大破袁军了。”

曹操听了非常高兴，于是便派出士兵，让他们四下传播流言。

曹操要分兵两路的消息很快就传到了袁军探子耳朵里，于是他不敢疏忽，赶紧报告给袁绍。袁绍听后，大惊失色，心想：邺郡、黎阳是我退回河北的咽喉要地，如果被曹操的军队堵住，我岂不是要被困死在此处了吗？想到这，他急派袁谭分精兵 5 万回救邺郡，派辛明分精兵 5 万回救黎阳，连夜开拔起行。

曹操得知袁绍分调兵马，知道袁绍中了计策，于是，便命令军队兵分八路，齐头并进，正面进攻袁军营寨。

袁军没有想到曹操主力会突然来袭，慌不及防，一路溃败。袁绍来不及披盔戴甲，穿着单衣匆匆上马夺路而逃，曹军张辽、许褚、徐晃、于禁四名将领急追不舍。袁绍在仅剩的 800 多骑兵的保护下，渡过黄河，逃回河北。

曹操大获全胜，缴获袁军战利品无数，杀死袁军 8 万余人。从此，袁绍一蹶不振。曹操的实力日益增强，为以后三足鼎立局面的形成打下了基础。

潜能开发

一棵茁壮的大树，任凭风吹雨打依然屹立不倒，但是一根筷子却很容易就被折断了，力量的分散让它变得脆弱。因此，没有克服不了的困难，只要我们耐下心来去拆解；没有翻越不了的山峰，只要我们一步步去攀爬。

去骑别人的马

一次，成吉思汗的父亲率领孛儿只斤部落打败了其他部落，夺回了大片领地，并且夺得了很多牲口。

部落为了庆祝这次胜利，举办了一场赛马。但是这次的赛马比赛规则与以往的有所不同：最后到终点的马获胜。

这一天，天气晴好，在辽阔的草原上，十几匹赛马并头站在起跑线上，整装待发。比赛一开始，剽悍的骑士们就努力让身体后倾，拼命将马缰绳向后拉，谁也不希望自己的马超过别人。结果，比赛场面相当沉闷，没有一点赛马的气氛。有些马干脆在原地踏步。

就这样，眼看太阳就要落山了，可是马赛还没有一点要结束的迹象，有的马甚至还在起跑线附近原地踏步。大家都有点耐不住了。成吉思汗的父亲也后悔自己不该“别出心裁”搞这种赛马，但话已出口，金口难改。怎样尽快结束这场僵局呢？成吉思汗的父亲略一思忖，便令人传下谕旨：谁有办法尽快结束比赛，又不改变比赛规则，给予重赏。

众人绞尽脑汁，仍想不出一个好办法来。

这时年仅 12 岁的成吉思汗站了出来，他对父亲说自己有办法。随后，他就让所有的骑手相互调换了赛马。这样一来，每个骑手骑的都是别人的赛马，为了让自己的赛马落在后面，每个骑手都奋力地向终点冲刺，想要努力超过别人的赛马，结果，比赛很快就结束了。

在场的所有部落中人见成吉思汗年纪轻轻，竟然能够想出这样的好办法，都连连称赞他，并且说他以后一定会做出一番大事业。最后，正如当时的人们所说，成吉思汗成为了一代草原枭雄。

潜能开发

骑士们不肯快骑的原因是担心无法赢得比赛，而一旦调换了顺序，为了同样的目的，他们就自然快马加鞭了。所以说，要解决问题，首先要弄明白事情本身的原因所在，然后才能对症下药，达到药到病除的效果。

树立一种信念

公元1052年，南方广源州的侬智高起兵反宋，攻占了玹州等地，军情紧急，宋仁宗立即派遣大军去平定叛乱。

可是，选谁去比较合适呢？最后，宋仁宗想到了大将狄青。狄青是一个很有进取心的人，他从一个无名小卒做到枢密副使，一直到现在的大将军。宋仁宗觉得这个人做事踏实、稳重，很信任他。于是，就派他领兵去平定叛乱。

狄青率领大军出了桂林，朝玹州方向浩浩荡荡行进。可是，由于路途艰险，加上连日行军，人马劳顿，很多士兵开始担心此行会吃败仗。于是，渐渐地军心开始动摇，一些兵士开起了小差。狄青见此情景，想要稳定军心。于是，他想到了一个好办法。

这天，将士们正在休息，狄青站在高处对他们说："此番来南方讨伐叛军，是吉是凶，只好由神明决定了。我现在随便抛出100个铜钱，这些铜钱落在地上的时候，如果个个面朝上，就说明是吉祥的预兆，我们此行一定得开全胜；如果有一个是面朝下的，那么我们只好顺应天意，班师回朝了。"

众将士心想：再怎么运气好，100个铜钱也不可能个个面朝上，除非真的是天意。于是，众将士都睁大了眼睛，等着看抛出去的结果。

只见狄青叫心腹拿来一袋铜钱，他口中说道：“神明保佑我军。”然后他就把100枚铜钱向上一抛，当铜钱落下时，将士们围上去观看，100个铜钱居然全都是面朝天的。顿时，全军欢呼。

之后，狄青又叫心腹拿来100只钉子，把铜钱都钉在地上，并且对士兵们说道：“等大军得胜回朝路经此地时，用厚礼祭奠神明，那时再取回这些铜钱。”

从此以后，士气顿时高涨，士兵们都相信是有神灵保佑。于是，军队中再也没有抱怨，士兵也不再开小差。

原来，这些铜钱落在地上的时候都是面朝上，这并不是什么巧合，而是狄青的巧妙安排。为了用这个办法稳定军心，狄青特意让人打造了100个两面都一样的铜钱。所以，无论怎么抛，这些铜钱始终都是面朝上的。

但是将士们不知，他们都以为这是上天的安排，因此都相信有神灵相助，此次战争一定能够取得胜利。于是，全军将士士气一天高过一天，最终平定了侬智高的叛乱。

潜能开发

稳定军心，其实就是给士兵以必胜的信念。信念的力量常常是不可估量的，它可以给人以勇气和决心。树立一种信念，就是播下了一颗希望的种子。

解不开就砸开它

秦王听说齐君王后聪明过人，决定要试一下，看是否真的如百姓传说中的那样。

一天，秦王派使者拿着一套玉连环，专程送给齐君王后。使者说道：“我们国王听说齐国的老百姓都很聪明，您是一国之后，就更聪明了。聪明的王后，您一定有办法解开这套玉连环吧！”

齐君王后接过玉连环，左看右看，发现玉连环是玉匠制环时从一块完整的玉石上雕琢出来的，再聪明的人都不能解开。秦国的使者见齐君王后无计可施，站在一边窃笑。

齐君王后知道这是秦王有意刁难自己。心想：我必须维护齐国的国威和齐王的尊严。此时，一个办法在她脑子里一闪而过。

她轻蔑地对秦国的使者说道："这样简单的事，我们齐国的小孩子都能办，哪用得着你千里迢迢跑到齐国来呢！"

齐君王后说完，叫侍从拿来一把铁锤，就向玉连环狠狠砸去，玉石顿时变得粉碎。王后笑着说："这不是解开了吗？"

秦国使者见状，怒气冲冲地说："哪有这样解玉连环的？你是蔑视秦王，秦王不会饶恕你们齐国的。"

齐君王后神情自若地说道："玉连环是秦王送来请我解的，我出于对秦王的尊敬，才帮了这个忙。秦王是个通情理的人，怎么会反过来报复帮助过自己的人呢？"

秦使者无言以对，扫兴地回禀秦王去了。秦王听后，感慨说："齐君王后果然是个聪明人，名不虚传啊！"

潜能开发

对一些问题无能为力，并不一定说明你的能力有限，有些时候，真正的问题反而是问题本身。

不要对困难过于夸大

公元564年，北周杨忠奉命率军联合突厥人攻打稽胡，可是，时间一长，杨忠的军粮供给就出现了问题。粮食越来越少，眼看杨忠军队就要面临断粮的威胁陷入困境。

就在这时候，北周大冢宰宇文护率军攻打北齐洛阳，结果被齐军打败。杨忠心想，如果稽胡人知道了自己粮食短缺，又战败的消息，那后果一定不堪设想。

中军大帐中，众多北周将领都紧锁双眉，一时想不出什么破敌取胜的好办法。过了一会儿，杨忠终于想出了一条妙计。

第二天，杨忠在帐中设宴款待稽胡首领们，这批首领坐定后，就开始一边吃一边聊天，就在他们正在兴头上的时候，北周河州刺史王杰全副武装，大步闯进营中，那模样像是要上战场似的。

杨忠见了，装作一副奇怪的样子，问道："王大人，你这是要做什么？"

王杰假装不知道有稽胡首领在场，大声回答道："大冢宰已经攻下了洛阳城。皇上听说银、夏二州之间的稽胡近日猖獗，特地派我来和您一块儿出兵攻打他们！"

就在两人谈话间，一个"突厥使者"策马奔来，刚跳下马，便气喘吁吁禀告："杨大人，我们可汗已在长城下面布置10万雄兵。他特意派我先来通报，如果稽胡不服，马上统统调来帮您打败他们！"

在场的稽胡首领听罢，一个个都呆住了，他们没想到北周会有如此强大的外援，心想：我们如果现在发动战争，岂不是以卵击石，自取灭亡吗？

杨忠把一切都看在眼中，见稽胡首领脸色有变，就故意对他们说："你们尽管放心，只要你们肯投降，我北周大军决不会乱杀无辜的。"

稽胡首领听了这话，终于松了一口气，于是，千恩万谢地退出去了。他们回到营中，想到今天听到的北周"军情"，于是不敢轻举妄动。又想到北周有"突厥的10万大军援助"，于是更不敢进犯。结果，没过多久，几个首领商量了一番以后，都率兵前来归顺杨忠了。

潜能开发

很多时候，吓退我们的不是外界的条件太艰苦，不是我们自身力量太单薄，而是我们对自己的怀疑和对困难的夸大想象，结果，让我们遭受失败的，不是我们做不到的事情，而是我们不敢做的事情。

好的引用会增强说服力

说服别人也许是世界上最难的一件事情，有些人会“轻而易举”地把一件事情变成一场争吵。如何让别人接受你的建议和意见，需要一些智慧和技巧。

人比马重要

楚庄王喜欢马，于是就精心饲养了很多马，有些马过的日子甚至比人还好。

在他所有马中，有一匹是他最心爱的，他竟给这匹马穿上五彩缤纷的锦衣，养在富丽堂皇的宫殿里，睡在有帷幕有绸被的床上，拿切好的枣干喂它。于是，这匹马越来越胖，享了没多久福，就死了。

楚庄王非常伤心，但是“马死不能复活”，伤心也无济。于是，楚庄王决定要厚葬爱马。他对大臣下令说：“你们快去找天下最好的棺材把它装进去，外面还要套上一个好棺材，而且要用大夫的礼仪埋葬它。”

有大臣认为不妥，劝谏道：“大王，怎么可以把大夫的礼仪用在畜牲身上呢？”

楚王很生气，当即下令：“谁敢再来劝我不要厚葬马，我就杀死他。”

大臣们一个个吓得不敢出声。

楚国有个叫优孟的人，这时，突然失声痛哭起来。楚庄王奇怪地问：“你哭什么呀？”

“我哭马呀！”优孟边哭边说，“这匹马是国王您最心爱的。我们堂堂的楚国，有什么样的事办不到呢？只用大夫的礼仪来埋葬它，还是太亏待它了。我看应该用君王的礼仪埋葬它才对呀。”

庄王问：“怎样用君王的礼仪来埋葬它？”

优孟答道：“臣请求用雕刻花纹的玉做棺材，外面再套上文梓木做成的大棺材。派士兵们挖大坑，叫百姓们运土，供给它的祭品要最上等的东西。还要请各国的使者来吊唁它。诸侯听到了这件事，就都会知道大王轻视人而看重马了！”

起初，楚庄王还以为优孟真的是要让自己厚葬马呢，听到最后才明白，优孟哪里是哭马，而是用巧妙的语言来劝自己不要太看重马。

楚庄王虽然爱马心切，但也不是不明事理的人，他知道优孟说的有道理，叹了口气说：“没想到我的过错竟是这样的严重。你觉得该怎样处置这匹马呢？”

优孟说：“请大王以六畜的礼仪来埋葬这匹马：在地上挖个土灶作为棺木的外套，用铜铸的大锅作为棺木，用姜、枣、粳米等调料为祭品，用大火把它煮熟煮烂，最后埋葬在人们的肚皮里。这就是最好的处置办法了。”

楚庄王果然照做了，请厨师把马肉煮熟，分给大家吃了，从此，他再也不重马轻人了。

潜能开发

大到一国之君，小到一家之主，什么时候都不能忘了人才是最重要的。有爱人之心，才能赢得人之爱己。

烛之武退秦师

公元前630年，秦国和晋国联合攻打郑国。秦军驻扎在郑国的东边，晋军驻扎在郑国的西边，把郑国包围在其中。

面对两大强国的左右夹攻，郑国危在旦夕，郑文公连夜召集文武百官商量对策。

有大臣建议说：“只要我们能够说服秦国退兵，晋国缺少了联盟的支援，自然会不攻自退。”郑文公急切地问派谁去劝退秦军好。

“大夫烛之武。”大臣答道。

郑文公应允，决定派烛之武出使秦营。

于是，为了不被敌人发现，半夜的时候，郑文公亲自把烛之武送到城楼上，他命令士兵拿来一只大筐，叫烛之武坐进筐中，上面用绳子吊着，把他从城东徐徐下放到城外的墙根。

烛之武偷偷地来到秦营，一见到秦穆公就伤心地哭了起来。

“你是什么人？深更半夜哭什么？”秦穆公喝道。

“我是郑国大夫烛之武，在哭我们郑国快要灭亡了。”烛之武说。

“为什么要到我们军营里来哭呢？”秦穆公说。

“我也是来替你们秦国哭呀！”烛之武说。

秦穆公不明故里。问道：“你这是什么意思？我们秦国快要打败你们郑国了，怎么要你来哭我们秦国呢？”

烛之武说：“我们郑国的国土，和贵国并不相连。我们在东面，你们在西面，晋国在中间。所以，郑国灭亡之后，必定被晋国占领。那时晋国就会比以前更强大，而贵国也就相对地显得比晋国弱了。替别人打仗争土地，最后又拱手送给人家，这合算吗？再说，晋国的侵略野心，哪里有满足的日子，它东边灭了郑国，难道就不想向西边的秦国扩张了吗？”

秦穆公想了一下，觉得颇有道理，不觉点了点头。

烛之武见秦穆公有所动摇，继续说：“您如果肯解除对郑国的包围，我们郑国从此一定心向贵国，贵国使者在东方道上往来经过的时候，郑国一定尽地主之谊，好好招待贵宾，这对你们来说不也是好事吗？”

听了烛之武的话，秦穆公立即答应撤兵，并且和烛之武歃血立盟。

后来，晋文公见秦穆公撤了兵，也只得无奈地班师回国。一场即将爆发的战争就这样被烛之武制止了，郑国也因此获救。

潜能开发

“没有永恒的敌人，只有永恒的利益”这句话不仅适用于国与国之间的交往，也适用于人与人之间，只有找到彼此利益最佳交叉点，才能保持关系的稳固和谐。

露出的锥尖儿

秦军包围了赵都邯郸，赵国的平原君奉命去楚国求救。他挑选了19个文武双全的门下食客，正准备出发，这时有个叫毛遂的食客向平原君自我推荐，要求同去楚国。

平原君门下食客众多，因此很多食客他都不熟悉。他见这个人看起来陌生，问："您在我门下有多久了？"

"已有3年了。"毛遂回答说。

平原君冷冷地说："一个贤能的人活在世界上，好比一把锥子藏在口袋里，锥子的尖儿立刻就能看见，可是您在我这里都3年了，我从没听说您有什么突出的地方。您既然没什么才能，带您去有什么用？"

毛遂说："那是因为我毛遂没有机会，要是我早被放在袋子里，早就脱颖而出，哪里只仅仅是锥子的尖儿露出来呢？"平原君见他善于言辞，态度又诚恳，就带他同行。

到了楚国，平原君和楚考烈王在朝堂上商量着联合抗秦的事，毛遂和其余19个人在台阶下等着。平原君和楚考烈王两人谈了半天也没个结果。

毛遂再也按捺不住，他径自走到平原君身边，说："该不该联合抗秦，几句话的事情，用得着费这么多口舌吗？"

楚王见这人如此鲁莽，大怒道："我跟你主人商量天下大事，难道还要你来多嘴？"毛遂拿着宝剑，快步靠近楚王说："天下大事，天下人都有说话的份儿，这怎么叫多嘴？"

楚王见他手提着宝剑，心中害怕，只得说："那么，你有什么高见呢？"

毛遂不慌不忙地说："楚国有5千里土地，100万兵甲，称得上威势赫赫。但是，秦国的白起，这个微不足道的小子，只带了几万兵马，就占了你的好几座城，把你们国都拿去改成了秦国的南郡，你们的祖先也遭到了他们的蹂躏。这样的耻辱，这样的仇恨，每个楚国人永生永世也忘不了，难道大王就不想雪耻报仇吗？今天跟您商议抗秦的事，难道仅仅是为了我们赵国吗？"

毛遂的这几句话恰恰刺到了楚王的痛处，楚王无法辩驳，只得答应联合抗秦。

毛遂于是吩咐楚王身边的侍从拿来鸡血、狗血和马血，捧着盛血的铜盘子，跪到楚王面前说：“您应先献血来表示联合抗秦的诚意。”

毛遂的表现令平原君很满意，堂下的19个人也都佩服毛遂的胆量和辩才，纷纷说：“这把锥子，今天终于露出尖儿来了！”

回到赵国以后，平原君就拜毛遂为上客。

潜能开发

世界上的千里马可能有很多，但是伯乐却只有一个，因此，人才一定要懂得大胆展示自己，不能总是等着别人来发现你。

《负子图》说服朱元璋

李善长是元朝的开国功臣，可是他的一些过失让朱元璋很不满，朱元璋担心以后太子继位，李善长位高权重会威胁明朝的统治。因此，一心想要除掉他。

太子朱标听说了这件事情以后，很为李善长抱不平。他不赞成父亲的这种做法，于是要去劝阻父亲。

可是，他转念一想，又有点犹豫了，因为父亲一向严厉，如果父亲为此要责罚起自己该怎么办呢？他突然想到母亲生前的教诲：遇事应该有主见，不能躲躲闪闪。想到这，他就坚定了前去劝阻父亲的决心。

无意间，他抬头看到挂在墙上的一幅《负子图》。那是朱元璋为纪念马皇后背着儿子朱标而请人精心绘制的。现在母亲去世了，父亲看见这幅图，就像看见母亲一样，一旦为劝阻的事发生不愉快，那么，这幅图也许可以起到一定的作用。于是，朱标把《负子图》悄悄地藏在贴身衣袋内就去见父亲了。

朱标见到朱元璋，小心翼翼地问道：“听说父皇要处罚李善长，有这回事吗？”

“只有杀掉李善长，我才能放心。”朱元璋直言不讳。

朱标见听闻属实，就劝父亲道：“李善长为明朝的建立，立下汗马功劳，可是现在父皇却要杀掉他，这是什么原因呢？”

朱元璋想到太子阅历不深，善良寡断，就想趁机好好教育他一番。于是，朱元璋让人找来一根长满尖刺的棘条拐杖，随手丢在地上，对太子说：“你把这根长条拐杖给我拾起来。”

朱标弯腰去拾，可是尖锐的刺戳破了手，顿时就渗出了一滴滴殷红的血。可是，如果丢下拐杖，又违背了父亲的意愿。他正在左右为难，朱元璋仰头哈哈大笑起来，说：“拐杖上有刺，你要拿住它，就会刺破你的手，到最后还是不得不丢掉它。但是，如果我把上面的刺都削光了，你还会这样为难吗？你现在应该明白了，我之所以要杀李善长，就是为你除刺，我是完全为你以后的治国大业着想呀！”

朱标这时才明白了父亲的良苦用心，可他仍然觉得父亲靠杀大臣来扫除自己日后的障碍，是不足取的。于是，他跪下说：“我听说在上有像尧舜那样贤明的君主，在下就会有尧舜那样的臣民。如果做帝王的在治理国家时正大光明，那么，臣民们也就会规规矩矩的，也就不用担心他们会长出什么刺来了。”

朱元璋见儿子不但不能体会自己的良苦用心，而且还“执迷不悟”，顿时勃然大怒，随手举起身边的椅子就要向朱标身上打去。朱标连忙躲闪，这时候，藏在怀中的那幅《负子图》也掉了出来。

朱元璋看到《负子图》，不禁想起当年皇后跟随自己转战南北的情景，随即又想起为开创大明江山而立下汗马功劳的那些功臣们，当然包括李善长。于是，不禁一阵心酸，当即打消了要杀李善长的念头。

潜能开发

很多时候，最有说服力、最能触动人心的并不是语言，而是一些能够引起人们某种情感的物件或者情境，善于利用恰当的物品、制造合适的情境，会远远胜于千言万语。

为了你父亲的名誉

郭晞是郭子仪的儿子，在唐代宗广德二年的11月，他追随父亲领兵驻在邠州，抗击吐蕃。

俗话说“虎父无犬子”，郭晞在战场上也曾立过不少战功，年纪轻轻，就已经担任了左散骑常侍。他虽然在战场上立下汗马功劳，但是他最大的缺点就是居功自傲。父亲郭子仪在身边的时候，他还算规规矩矩。父亲一旦不在身边，他就会做出一些惹是生非的事情来。

这一天，郭子仪进京办事。郭晞部下的17个士兵冲到一家酒坊抢酒，砸坏酿酒工具，还打伤了酿酒师傅，气焰很是嚣张。节度使白孝德是一个胆小怕事的人，又碍着郭子仪的面子，睁一眼闭一眼只当不知道。

泾州刺史段秀实知道了这件事情以后，实在看不下去。就在抢酒士兵在酒坊内喝得东倒西歪的时候，段秀实派部队包围了这家酒坊，像抓瘟鸡一样轻松地抓住了他们。按照段秀实的命令，把抓来的人押到郊外一块荒地上砍了头，首级挂在市中心示众。

骄奢成性的郭晞部下听到兄弟们被杀，顿时火冒三丈，当即要找段秀实算账。

白孝德知道段秀实“闯了大祸”，吓得两腿战栗，不知如何是好。

段秀实对他说：“白节度使不用担心，这事是我所为，我自会承担。”

白孝德为他挑选了几十个身强力壮的士兵，护送他到郭晞的营中去。段秀实却不要多带兵卒，只挑选了一名上了年纪的跛足人作伴，向前面走去。

还没走到营门，就听见从郭晞的营门传来了一阵阵的喊杀声，那个随行的老人吓得不能动弹，段秀实只得扶着他走。

到了营门外边，那些早已经准备好的士兵一下子都围拢来，手里举着亮闪闪的大刀，要为他们死去的17个弟兄报仇。

“要杀我和我带来的这个老兵，用得着这样的阵势吗？”段秀实一边走一边镇定地说。

没有郭晞的命令，士兵们们也不敢轻举妄动，现在又看见他只带着一个跛足的老人，没有一点防备的意思，因此，手中举着刀也不忍心落下来。

就在这时，郭晞走出军营。他本以为段秀实不敢登门，没想到，他不但来了，而且毫无准备。这时候，段秀实上前说道：

"你父亲郭子仪是当今朝野闻名的功臣，全国百姓都像尊敬自己的父亲一样尊重他。"

段秀实故意顿了一下，又接着说："你是郭子仪元帅的儿子，更应当爱惜父亲的荣誉。可是，你却恃功放纵士兵出来闯祸，这样的行为，违反军纪要受到处罚自不必说，你这是往父亲的脸上抹黑呀！百姓们知道了会怎么想呢？他们会说这是你父亲教子无方。如果皇上知道了这件事情，郭元帅的一世英名，不就糟蹋在你的手里了吗？"

郭晞听了段秀实的话，觉得至诚至理，不禁被他的这番肺腑之言所感动了。当即叩拜，说道："你这样爱惜我父帅的荣誉，又这样当面指出我的错误，您是我郭家的大恩人，我怎敢不听从你的话呢？"

然后，郭晞就命令周围这些举着大刀的士兵放下武器，赶紧准备宴席，盛情款待段秀实。从此以后，郭晞果真改掉了霸道的习性，再也没有纵容过手下惹事生非。

潜能开发

很多人都已经习惯了站在自己的立场上思考，可是，当你站在别人的角度去做一件事情时，别人一定会对你更加感激，并且更愿意接受。

温言软语是良药

过去，在一座大城市里住着一个富翁。他的脾气很坏，有一次他生了病，却不愿求医看病。

后来，他的朋友请来一个大夫给他看病。

“我不愿买他的药，他说话声音太大，还总是自以为是。”富翁答道。

朋友又请了另外一个大夫给他看病。这个大夫说话温文尔雅，可是富翁却说：“不，我不要他看，他太寒酸了。”

于是朋友又请来第三个大夫为他治病。他衣冠楚楚，谈吐文雅。

“把酬金拿去，”富翁不满地说，“我不打算听你的忠告。你看病太马虎啦。”

由于他拒绝看病、吃药、见大夫，于是他的病情开始恶化，已经命在旦夕。

一天，一个大夫到这座大城市度假。富翁的好友得知，便前去拜访他。

“请您救救我的朋友，行吗？”他恳切地说，“他的病很重，他的脾气很暴躁，又讳疾忌医。不过，也许由于您举止文雅，态度和蔼可亲，他会听从您的劝告的。”

年轻的大夫穿着最好的衣服，来看富翁。

“亲爱的大伯，”他彬彬有礼地说，“您今天感觉好些了吗？我相信您很快会痊愈的。”

大夫吩咐仆人拿些冰块，将它敷在病人的额头上，富翁顿时感到舒服多了。

“您是否愿意让我开点药给您吃？”富翁默默地点点头。

年轻的大夫在药中掺了点蜜水。富翁报以微笑，慢慢地吞服下去了。

“呵，很甜。”他喝完药深深地吐了一口气，不一会儿，便安静地进入梦乡了。

富翁醒来后，感觉好多了，烧也退了。

其他的大夫问年轻的大夫，他是怎样给这怪老头治好病的。

年轻的大夫笑着说：“温言软语才是治病的良药啊！”

潜能开发

俗话说：“良言一句三冬暖”。对于一个病人来说，在很多时候，医治他的心灵往往比医治他的肉体产生的效果更好。这世上真正的良药，是温言软语。因为，好话让人听了舒服，心情也自然会好，如果心情好，病很快也就会好起来。

你想不想要一张钞票

一座教堂中，正在举行一场婚礼。

神父在弥撒当中，手持一张崭新的百元钞票问大家："在场有人想要它吗？"没有人出声……

神父说："不用害羞！想要就请举手！"全场大约1/3的人举起了手。

神父接着将那新钞揉成一团后，再问："现在是否还有人想拥有它？"

仍然有人举手，但少了差不多一半……

神父又将那钞票放在地下，踩了几下，拾起来，钞票已变得又脏又皱。他再问大家："还有人想拥有它吗？"

全场只有一位男士举手……

神父请这位男士上台，把100元给了这位先生，并说这位男士是唯一三次都在举手的……

当全场大笑时，神父示意大家安静，向新郎说："今天你迎娶的这心爱的女士，就如一张崭新的百元钞票，岁月加上辛劳，就如残破的100元钞票一样，往往会令起初的宠爱变了心。而事实上，钞票仍然是钞票，它的价值是完全没有改变的。希望你可以像这位男士一样，懂得真正的价值和意义，别被外表带领你迷失了人生的道路！"

潜能开发

无疑，这是一位睿智的神父，他用多么简单的实验就将一堆繁杂的说教变成了一个耐人寻味的故事。其实不只是神父，生活当中也有许许多多这样的小事，何不让它在脑子里翻个跟头，那么你将变成一个多么受欢迎的人啊。

皇帝的是非

庄宗是后唐的皇帝，他特别喜欢打猎，常常率领着群臣去打猎。

有一天，庄宗又像往常一样，领着一帮人到中牟县围猎。有个将军奋力拉开弓，一箭就射中了一头野猪，野猪受了伤，疼痛难忍，嚎叫着就逃进了麦田里，庄宗见状，就要派人去追赶。

中牟县县官看见野猪已经踩倒了很多青苗，如果再派人去追，一定会踩倒更多的庄稼，这样的话，到了秋天，百姓就会少了很多收成。想到这里，县官心里有些着急了，于是，连忙跪地叩头劝阻道："皇上，别派人追了，再糟蹋好多麦苗，老百姓要少吃好多口粮呢。"

庄宗正在兴头上，一心只想着去追受伤的野猪，听见有人来阻拦，当即大发雷霆，就要把县令拉出去斩首。

在场的人都被庄宗的龙威镇住了，虽然都觉得县令冤枉，但是谁也不敢上前替他说情。

这时候，站在一旁的宫殿演员敬新磨，突然冲上前去，指着被绑着的县官破口大骂："你这糊涂的东西，亏你还作一方父母官，难道你不知道皇上最喜欢打猎吗？"

皇帝见这个宫殿演员帮自己说话，心里很高兴，连连点头。

敬新磨见皇帝点头，又说道："既然你知道皇上喜欢打猎，你就应该事先把那一大块麦田空起来，事先通知皇上来围猎。为什么却让百姓在上面种庄稼？你应该播种杂草、灌木，派人捉了野兽放进去，让皇上打猎时满载而归！难道还用得着你担心百姓饿肚皮？担心国家收不上税吗？"

敬新磨显出一副越来越气愤的样子，用右手指着县官的鼻子说道："亏你当了这么多年的臣子，竟然不明白：皇上打猎是大事，老百姓饿肚子是小事；让皇上高兴是大事，国家不收税是小事。现在，你也是死有余辜……"

庄宗越听越觉得敬新磨的话不对劲，这哪里是在帮着自己说话，明明是在批评自己不识大体，不能以天下苍生为重，为图一已之快，置百姓死活不顾。庄宗这时候，也觉得自己确实做得不对，于是，就下令赦免了县令，也不再派人去追受伤的野猪了。

潜能开发

为图一己之快而不顾大局，这是目光短浅和心胸狭隘的表现，如果任由这样的做法发展下去，就可能会酿成大错，因此在大局面前，有的时候是要放弃一些个人私利的。

说服别人的前提

武臣将军是陈胜的部下，他在占领了邯郸以后，在左右校尉张耳、陈余的怂恿下自立为赵王。陈胜听到这个消息后，大为恼怒，想要把武臣家眷满门抄斩，然后发兵攻赵。

相国房君急忙劝道："现在暴秦还没有消灭，我们攻打赵，无非又给自己树立了一个新的敌人，还不如派人去贺喜赵王，并叫他们发兵西袭秦国。"

楚王陈胜听得有理，就派人到赵王处道喜。

楚王的做法大大出乎张耳、陈余的意料，于是提醒赵王说："您自立为赵王，楚王不会高兴，派使臣来道喜不过是将计就计罢了。灭了秦国后，就会来灭我们了。我们不如北取燕代南攻河内，成功以后，我们的实力就会超过楚王，到时候，楚王也拿我们没办法了。"

于是，赵王就派韩广率军攻燕。没想到的是，韩广攻下燕地以后，竟自立为燕王。赵王和张耳、陈余领兵北上，驻扎在燕国边境，准备攻燕。

一次，赵王外出，却遇到了巡边的燕军，被燕军抓住做了俘虏。燕军的主将把他扣留作为人质，开出条件，要分得一半土地，才放赵王回去。赵国派去的好几个使臣都被杀掉了，弄得张耳、陈余没有办法。

这时，赵军中有个伙夫，愿意去说服燕王并保证救回赵王。

伙夫来到燕军的大营，对燕军主将说："你知道张耳、陈余是什么样的人吗？"

张耳、陈余的贤能广为人知。于是燕将就回答说："他们是贤人。"

"你知道他们最想得到什么吗?"伙夫又说。

燕将回答说："想要回他们的赵王罢了。"

这时，伙夫大笑，说道："您的想法实在是太天真了，赵王武臣和张耳、陈余他们驱策军队，不用兵革就能占领赵地几十座城池，他们都有野心想面南为王。难道只是甘心做别人的臣子吗?"

"当初因为武臣年纪最长，所以先立他为君，安定赵地的民心。现在赵地已经安定下来了，他们两人也想在赵地自立为王，只是还没有机会。现在你把赵王杀掉，那么他们就可分赵地而自立为王了。以原来赵国的实力，攻燕那是轻而易举的事，何况以张耳、陈余联合起来，以申讨杀王之罪为名，燕就会很快地被灭掉了。"

燕将听了，觉得如果真的杀了赵王，后果将不堪设想，于是立即释放了赵王，伙夫驾着马车同赵王一起平安地回到了邯郸。

潜能开发

人们只有面对着自己的利益受损的时候才会犹豫，摆出利害关系，是说服别人的前提。

马夫被杀之后

一天，李世民最心爱的一匹马突然死了，他痛心不已，认为这是马夫的失职，于是，就怒气冲冲地要把马夫处死。朝臣见李世民如此大发雷霆，虽然觉得马夫罪不当死，但也都不敢上前替马夫说情。

就在这时，长孙皇后走了过来，他看见李世民一脸怒气，就问发生了什么事情。

李世民又生气又伤心地说："我的那匹最心爱的马好端端的突然死去了，这一定是养马人不负责任，让马吃了什么东西。这匹马跟着我南征北伐，立下赫赫战功。现在无病而死，叫我怎么不伤心呢?因此，我一定要杀死这个养马人。”

长孙皇后知道李世民的做法太过感情用事，但他正在气头上，如果直言，一定很难听进劝告。长孙皇后突然想起了一个故事，于是，心平气和地对丈夫说：“陛下，你听说过齐景公杀养马人的故事吗？”李世民摇头。

长孙皇后接着说：“齐景公的一匹马死了，要杀养马人。这时候一个叫晏婴的臣子站出来说，养马人有三条罪状。齐景公问晏婴是哪三条罪状？晏婴说：‘第一条罪，养马人失职，没有养好马而被杀；第二条罪，养马人使国王因马死而杀人，全国的老百姓知道了，必然会埋怨国王把马看得比人还重要，这会损害国王的声誉；第三条罪，诸侯知道了这个消息，必然会看不起齐国，降低齐国的威信。’后来，齐景公一想，杀一个养马人会带来这么严重的影响，于是，就决定不杀马夫了。并且很感激晏子的及时提醒，避免了自己一时冲动做出错误的决定。”

李世民听了皇后的故事，怒气也渐渐消了，觉得自己如果杀了马夫，那岂不是犯了和齐景公一样的错误吗？又想到只因为一匹马，就杀死马夫，可能会因此失去民心，于是，当即下令，释放了马夫。

潜能开发

杀死马夫事情虽小，但却可能带来很严重的影响。可见，做事情不能只图一时之快，逞一时之勇，更应该多去想一想结果会怎样，这样会减少很多不必要的失误。

不要招来别人的反感

春秋时代的晋灵公，为了享乐，下令建造豪华的九层高台。而这项工程要消耗大量的人力和财力。臣子们都知道这是一项劳民伤财的工程，但又不敢劝谏，因为晋灵公下令“谁敢劝阻，格杀勿论”！

当时，有个叫荀息的大臣，他想要阻止晋灵公，就来见晋灵公。晋灵公认为荀息是来劝阻的，就举起箭，拉开弓，等着他来，只要他一开口规劝，就射死他。

荀息拜见晋灵公后，装作轻松愉快的样子，说："大王，我不是来劝阻您的，我只是想为您表演一个小技艺。"

"什么小技艺?"晋灵公半信半疑地问。

"我能把12个棋子堆起来，上面再加几个鸡蛋。"荀息说。

"这倒有趣!"晋灵公一幅感兴趣的样子说。忙摔下弓箭，命侍从拿出棋子和鸡蛋。

荀息先把10个棋子堆起来，然后又把鸡蛋一个一个地加上去。旁边观看的人都担心鸡蛋会掉下来，紧张得屏住呼吸，瞪圆眼睛。晋灵公也惊慌急促地叫道："危险！危险!"

这时候，荀息却慢条斯理地说："这没有什么了不起的，还有比这更危险的呢!"

灵公忙问："什么事情比这更危险呢?"

荀息见时机已经成熟，直起身子，无限沉痛地说："大王，臣说这一番话，臣即使死了也不后悔！为了建成九层的高台，3年时间还没有完工，现在我们国家已经没有男人耕地、女人织布了。国家的库存也早已经空虚，邻近的国家一旦来侵犯我们，我们拿什么来抵抗呢?这样下去，国家总有一天要灭亡的。建造高台，就像这叠鸡蛋一样危险啊，请大王三思而后行!"说着不禁流下泪来。

听了荀息的话，晋灵公才意识到自己为了一己之乐，不惜代价地修建高台对国家是这样地危险。于是，立即下令停止建造高台。

潜能开发

说服别人要讲求方式方法，直接的规劝往往会招来反感和排斥，而用委婉的方式更容易被人理解和接受。

极度渴望会丧失理智

西汉末年，王莽篡权，施行暴政，百姓生活困苦不堪。各地农民起义不断，其中较有影响力的就是赤眉军和绿林军，西汉皇族刘秀伺机混入农民起义军队伍。公元二十五年，刘秀称帝，建立东汉。不久，他开始反过来镇压农民军。

公元二十七年正月，东汉梁侯邓禹带领车骑将军邓弘包围了湖县，袭击赤眉军，企图一举剿灭农民军。

天色渐晚，双方人马在旷野厮杀。为了这次围剿，东汉派了大量的精兵强将。赤眉军寡不敌众，再硬拼下去，这支部队势必全军覆没。

于是，赤眉军鸣鼓收兵，迅速撤退回城。

赤眉军的首领们正在研究破敌对策。突然，巡逻军官慌张来报："官军邓弘部下的好多粮草，被我们截获，他们快成了一群'饿煞鬼'啦！"

听到这话，首领们乐了。其中一位首领拍掌笑道，"我们何不来个豆子诱敌！"他如此这般把妙计细细说了一遍。

第二天，天刚一亮，赤眉军就大开城门，纷纷慌张败退。他们还故意丢下好多车辆，看上去像人心慌乱无暇顾及的样子。他们把所有的车里都装满了土，只在表面蒙上了一层豆子。

邓弘的粮食被劫，士兵们已经饿了几天肚子。这些饥饿的士兵见到一车车豆子排列在眼前，更觉得饥饿难耐。于是，他们再没心思追赶赤眉军，纷纷围上车子，你争我夺，顿时一片混乱。

赤眉军见敌人中计，立即回军反击，大败邓弘军。

潜能开发

极度的渴望很容易让人丧失理智。士兵们由于饥饿，见到豆子，顾不得敌人，一心只想填饱肚子，结果却让敌人有了可乘之机。

从哲理中发现真谛

人生就是一堂让我们受益匪浅的课。走陌生的捷径，往往会误入歧途；在愤怒的时候做出的决定，往往会抱憾终身。所以，在遇事时，不妨先停下脚步，冷静思索一下再做决定，这样才能更好地走好人生的每一步。

变被动为主动

知识测验主持人问一位应考者：“先生，听说您是一位足球行家，理所当然知道所有关于足球的知识了？”

应考者不假思索地答道：“那当然。”

“很好，”主持人微笑地问，“那么球网有多少个洞？”

应考者愣了一下，但马上从容不迫地面露微笑：“能提出这样的问题的人一定是一位知识渊博的人吧？”

主持人乐了：“那当然。”“很好，”应考者说，“既然您承认自己是个知识渊博的人，那么您应该知道我们的祖先中有一位叫保塞尼亚斯的人，他是一个什么方面的专家？”

主持人：“他是一个能言善辩的哲学家。”

“很好，回答正确加10分。”

应考者巧妙地站在主持人的位置上后，更加轻松地说：“关于保塞尼亚斯有这么一则轶闻：据说当时雅典的首席执政官听说保塞尼亚斯富有口才，就把他请到贵族会议上来，对他说：‘贵族会议的成员，每个人都有一个难题要问你，你能用一句话来回答他们所有的问题吗？’保塞尼亚斯说：‘那要看看是些什么问题？’于是议员们接连不断地提出了几十个不同的问题。当问题提完后，保塞尼亚斯应该用一句话来回答——知识渊博的主持人先生，您能代替保塞尼亚斯以一句话回答吗？”

知识测验主持人想了想回答：“保塞尼亚斯面对几十个不同的问题，只能这样回答：‘我全不知道！’”

“很好！很好！不愧是保塞尼亚斯的后代。今天，此时此刻，我只想再请您用一句话回答一个问题。”

“你问吧。”主持人说。

“请问球网有多少个洞？”应考者问。

主持人：“……”

潜能开发

有些问题是没有答案的，当别人在问你这样的问题时，最好的办法不是直接告诉对方“不知道”，而是反客为主，巧妙地把问题丢给对方。

三条忠告

一个年轻人在离家很远的地方整整工作了20年。

一天，他对老板说：“我要回家了。”

老板说：“好吧，不过我有个建议，要么我给你钱，你走人；要么我给你三条忠告，不给你钱，然后你走人。”

他说：“我想要那三条忠告。”

老板对他说：“第一，永远不要走捷径。便捷而陌生的道路可能要了你的命；第二，永远不要对可能是坏事的事情好奇，否则也可能要了你的命；第三，永远不要在仇恨和痛苦的时候做决定，否则以后一定会后悔。”

老板接着说：“这里有三个面包，两个给你路上吃，另一个等你回家后和妻子一起吃吧。”

一天后，他遇到了一个人。那人说：“这条路太远了，我认识一条捷径，几天就能到。”他想起了老板的第一条忠告，于是还走原路。后来，他得知那人让他走所谓的捷径，完全是一个圈套。

几天之后，他在一家旅馆过夜。睡梦中，他被一声惨叫惊醒，他想看看发生了什么事。刚刚打开门，他想起了第二条忠告，于是回到床上继续睡觉。起床后，店主说：“您是第一个活着从这里出去的客人。我的独子有疯病，他昨晚大叫着引客人出来，然后将他们杀死埋了。”

年轻人接着赶路，终于在一天的黄昏时分，他远远望见了自己的小屋，但他看见妻子正在抚摸着一个男子的头发，他气愤地想跑过去杀了他们。这时他想起了第三条忠告，于是停了下来。后来，妻子说：“那是我们的儿子。你走的时候我刚刚怀孕，今年他已经20岁了。”

一家人坐下来一起吃面包，他把老板送的面包掰开，发现里面有一笔钱——那是他20年辛苦劳动赚来的工钱。

潜能开发

走陌生的捷径，往往会误入歧途；对可能是坏事的事情好奇，往往会引来很多不必要的麻烦；在愤怒的时候做冲动的决定，往往会抱憾终生，这是我们人生的3大误区。所以，在做事时，不妨先停下脚步，冷静思索一下再做决定，这样才能更好地走好人生的每一步。

父子卖驴

从前有父子俩去市场卖驴，驴走在前头，父子俩随行在后。村里的人看了笑着说：“骑着驴多好，却在这沙尘滚滚的路上漫步。”于是父亲让孩子骑在驴上，自己则跟在旁边走着。

这时，对面走来两个父亲的朋友，他们说：“让孩子骑驴，自己却徒步，这么宠孩子将来还得了?”父亲就让孩子下来，自己骑上驴背。孩子跟在驴后面，蹒跚地走着。

走着走着，碰见一个挤牛奶的女孩。女孩责备说：“自己轻轻松松地骑在驴背上，却让那么小的孩子走路，真可怜。”于是父亲叫孩子也骑到驴背上。驴同时载两个人，渐渐举步吃力，呼吸急促，好不容易才走到教堂前。

教堂前面站着一位牧师，叫住了他们。“让那么弱小的动物驮两个人，太可怜了。你们要去哪里呢?”

“我们带这头驴去市场卖呀!”

“哦！我看你们还没走进市场，驴就先累死了，恐怕卖不出去呢!”

“那该怎么办呢?”

“把驴扛着去吧!”

父子俩立刻从驴背上跳下来，把驴绑上，用棍子扛着驴走。这样扛着，当然非常重，父子俩涨红了脸，摇摇晃晃地喊着：“怎么这么重呢?”

不久扛着驴的父子走到一座桥上，驴被倒吊着痛苦得不得了，口吐白沫，粗暴地扭动起来。棍子“啪”的一声折断了，绳子也断了，驴子倒栽葱似的掉进河里。瞬间，就被急流吞没，看不见踪影了。

“怎么会这样呢?这都是一味听别人的意见而产生的严重后果啊!”父子俩只好垂头丧气地走回家。

潜能开发

从善如流和缺乏主见之间只有一线之隔。一个善于自己拿主意的人，即便犯了错，也能牢记住教训，很快改正。而一个没有主见的人，即便做对了事情，也难以避免下次犯错。

师父不如徒弟的原因

有位刚刚退休的资深医生，医术非常高明，许多年轻的医生都前来求教，要求投靠在他的门下。资深医生选了其中一位年轻的医生，帮忙看诊，两人以师徒相称。应诊时，年轻医生成为资深医生的得力助手。

由于两人合作无间，诊所的病患者与日俱增，诊所声名远播。为了分担门诊时越来越多的工作量，避免患者等得太久，医生师徒决定分开看诊。

病情比较轻微的患者，由年轻医生诊断；病情较严重的，由师父出马。实行一段时间之后，指明挂号给医生徒弟看诊的病患者，比例明显增加。起初，医生师父不以为意，心中也高兴："小病都医好了，当然不会拖延成为大病，病患减少，我也乐得轻松。"

直到有一天，医生师父发现，有几位病人的病情很严重，但在挂号时仍坚持要让医生徒弟看诊，对这种现象他百思不解。

还好，医生师徒两人彼此信赖，相处时没有心结，收入的分配，也有一套双方都能接受的标准制度，所以医生师父并没有往坏处想。也就不至于到怀疑医生徒弟从中搞鬼、故意抢病人的地步。

"可是，为什么呢？"师父问一位学者，"为什么大家不找我看诊？难道他们以为我的医术不高明吗？我刚刚才得到一项由医学会颁赠的'杰出成就奖'，登在新闻报纸的版面也很大，很多人都看得到啊！"

为了解开心中的疑团，学者来到徒弟的诊所深入观察。本来学者想佯装成患者，后来因为感冒，也就顺理成章地到他的诊所就医，顺便看看问题出在哪里。

初诊挂号时，负责挂号的小姐很客气，并没有刻意暗示病人要挂哪一位医生的号。

复诊挂号时，就有点学问了，学者发现很多病人都从师父那边，转到医生徒弟的诊室。问题就出在所谓的"口碑效果"，医生徒弟的门诊挂号人数偏多，等候诊断的时间也较长，有些病人在等候区聊天，交换彼此的看诊经验，呈现出"门庭若市"的场面，让一些对自己病情较没有信心的患者趋之若鹜。

更有趣的发现是，医生徒弟的经验虽然不够丰富，但就是因为他有自知之明，所以问诊时非常仔细，慢慢研究推敲，跟病人的沟通较多、也较深入。而且很亲切、客气，也常给病人加油打气："不用担心啦！回去多喝开水，睡眠要充足，很快就会好起来的。"类似的心灵鼓励，让他开出的药方更有加倍的效果。

回过来看看医生师父这边，情况正好相反。经验丰富的他，看诊的速度很快，往往病患者无需开口多说，他就知道问题在哪里。资深加上专业，使得他的表情显得冷酷，仿佛对病人的苦痛渐渐麻痹，缺少同情心。

整个看诊的过程，明明是很专业认真的，却容易使患者产生“漫不经心，草草了事”的误会。当学者向医生师父提出这些意见时，他惊讶地张大了嘴巴：“对呀！我自己怎么都没有发现！”

潜能开发

有的人会觉得自己很了不起，有很大的本领，于是就会在无意间摆出一种盛气凌人的高姿态。这样就会让别人觉得这个人高高在上，会让人有一种遥不可及的距离感，从而让别人离他越来越远。

不能抄经书

吴佑是东汉时期的名士，少年时期的吴佑就能够洞察世事，加上勤奋读书，通晓历史。因此，对官场中尔虞我诈、相互倾轧的人事关系看得很清楚，经常为当官的父亲出谋划策，使父亲一次次安然地避过祸患。

这一年，吴佑的父亲吴恢奉旨远赴南海郡担任太守。吴佑也随同前去，那时他只有 12 岁。

吴恢上任以后，勤于政事，把南海治理得井井有条。于是，他认为应该把自己治理南海的政绩记载在册。吴佑知道了这件事情以后，急忙劝阻父亲，认为不妥。

吴恢对儿子的劝告有些恼火。

吴佑解释道：“父亲，您不远千里，不辞辛劳，攀过越城、都庞、萌渚、骑田、大庾等五岭，来到这濒临南海的蛮荒之地，您知道其间的利害关系吗？”

吴恢素来知道儿子聪明过人，且精于人事。怒气减了几分，问其道理。

吴佑说道：“据我观察和调查，南海郡百姓所受文化教育很少，风俗鄙陋，人情险恶，这是一个很难治理的地方。朝廷不可能相信您短短时间就有治理的政绩。如果您把政绩记录在册，上交朝廷，他们一定怀疑您是贪污了很多钱财，而那些权贵显要人物并不会赞扬你治理的政绩，而是日夜盼望您能向他们贡献一些稀世珍宝，因为这本是盛产黄金、宝石的地方啊。到时候，你拿不出这些东西给他们，他们一定会在皇帝面前说您的坏话，到时候您可就危险了。”

吴恢觉得儿子未免有些杞人忧天，便说：“那我就抄写经书，然后呈递给朝廷总可以了吧。”

吴佑又说：“不可，如若处理不当，可能有杀身之祸。”

吴佑见父亲不解，就解释说：“父亲，把六经抄写一遍，您估计要几辆马车才装载得下？”

“抄在竹片上，需要两辆马车。”吴恢说。

吴佑又问道：“两辆马车运回京城，人们会怎样看这件事呢？”

吴恢道：“只不过是两车经书罢了。”

“恐怕没有这么简单！”吴佑严肃地说。

“过去马援将军曾经把南方薏苡果（药玉米）带回一车，原先是准备做种子，在北方推广种植，不料却被别人误认为是珍宝。他死后还遭人揭发，蒙受了不白之冤；王阳平时喜欢驾驭精美的车马，穿戴华贵的衣服到处炫耀，结果引起别人的妒忌，以至纷纷传说他捞取了不少黄金，害得他有口难辩。这种遭人怀疑、忌恨和陷害的事，都是古时候的先贤们留给我们的教训啊。”

听了儿子的话，吴恢才恍然大悟，于是立即打消了抄经书的计划。并且为有这样一个好儿子感到欣慰。

潜能开发

俗话说“害人之心不可有，防人之心不可无。”人事难料，有的时候，一些人可能会为了一己私利而陷害诽谤他人，因此，人事万不可小觑，对他人的适当防备也是明哲保身的英明处世哲学。

别担心

葛可久是元朝苏州的医生，他在江南一带很有声望，很多人都慕名而来求教医术，其中就包括浙江义乌的医生朱丹溪。

在这些所有学生中，朱丹溪表现得与众不同，他不仅领悟得快，而且有的时候做得比老师还好，葛可久渐渐地开始喜欢这个学生了，并且越来越器重他。

有一天，葛可久脸色很难看，他把朱丹溪叫到跟前，说："我要外出访友，少则十天，多则近月，家事就全靠你了。"并对女儿也叮嘱了一番，然后就出门去了。

这一天，朱丹溪发现师妹神色异常，就问她是否有身体不舒服的症状，并且还认真地给她切脉，看舌苔，沉思很久，才说："病在肌表，若不早治，势必入腑。我开一张方子，撮好药，你马上煎服。"

师妹问自己生了什么病？

朱丹溪指指她的左臂说："病在这只手臂上，明天就要发肿发痒，还会溃烂，如不及早医治，将会终身残废的！"

师妹常听父亲夸师兄为人忠厚老实，医术高明。因此，对他的话也不怀疑，照药方服药和敷药膏。三天以后，好端端的左臂发红发肿了。五天过后，左臂变成紫褐色，疼痛加剧，化脓后，脓血流了三天。经朱丹溪的精心治疗和调理，渐渐好转，过了半个月慢慢痊愈。

这一天，葛医生终于回来了。他一见女儿，大吃一惊；"你的病怎么好的？"

女儿还在纳闷父亲怎么会知道自己生了病，只说是师兄帮助医治好的。朱丹溪走过来，回答说："心痈痛我也没有治过。我想，如果直接将心痈痛告诉师妹，她必定害怕。因此我就故意将她的注意力引到手臂上。我一边用内服散药，一边用膏药外敷，将毒引出，终于治好此病。"

葛可久顿时老泪纵横。原来他也发觉了女儿的病，由于这种病很难医治，因此，这次才出门寻访医治的办法。可没想到，朱丹溪竟然治好了女儿的病。

自此以后，葛可久对朱丹溪更是格外地照顾，把自己所有的知识都传授给了他。

潜能开发

朱丹溪转移师妹的注意力，打消了她的顾虑，终于治好了她的病。可见，心态对事情成败的影响之大，我们虽然都明白一味担心只是在做徒劳的无用功，可是我们又总是难以摆脱担心的情绪。多一份豁达，少一点担心，生活自然会少很多不如意。

百岁画家

尼尔森认识哈里·莱伯曼先生的时候，他已经是一位百岁老人了。那一天，天气又热又闷，来到他在长岛的住处，尼尔森还以为这位老画家一定坐在舒适的空调室里。然而出乎尼尔森的意料，他正在树阴下专心致志地绘制一幅油画。老人告诉尼尔森，他刚刚同一个日历出版商签订了一项7年的合同，画架上的作品即是其中之一。

老人身材瘦长，脸上皱纹很深，下巴留着一撮胡须，头发花白，但却精神焕发，衣着也很讲究，看上去最多不过80岁。80岁！这正是他开始学习作画时的年纪。

莱伯曼是在一所老人俱乐部里和绘画结下缘分的。那时，老人退休已有6年。他常到城里的俱乐部去下棋，以此消磨时间。一天，女办事员告诉他，往常那位棋友因身体不适，不能前来作陪。看到老人的失望神情，这位热情的办事员就建议他到画室去转一圈，还可以试画几下。

“您说什么，让我作画？”老人哈哈大笑，“我从来没有摸过画笔。”

“那不要紧，试试看嘛！说不定您会觉得很有意思呢！”

在女办事员的坚持下，莱伯曼来到了画室。过了一会儿，她又跑来看看老人“玩”得是否开心。

“呵呵，先生，您刚才在骗我！您简直是一位名副其实的画家。”她笑着对老人说。

不过，老人说的全是实话，这确实是他第一次摆弄画笔和颜料。提起当年这件往事，老人颇有感慨：“这位女办事员给了我很大的鼓舞，从那以后，我每天都去画室，那儿又使我找到了生活的乐趣。退休后的6年，是我一生中最忧郁的时光，没有什么比一个人等着走向坟墓更烦恼的了。从事一项活动，就会感到又开始了新的生活。”

绘画，对于这位八旬老人来说已经不仅仅是一项单纯的消遣活动。81岁那年，老人还去听了绘画课——一所学校专为成年人开办的十周补习课程。这是莱伯曼有生以来头一次也是仅有的一次学习绘画知识。第三周课程结束的时候，老人抱怨任课教师、画家拉里·理弗斯从来不给他帮助指导。

“您给每个人讲这讲那，对我却只字不说。这是为什么?”显然，老人不高兴了。

“先生，因为您所做的一切，连我自己都做不到，我怎么敢妄加指点呢?”最后，理弗斯还自愿出钱买下了老人的一幅作品。

就这样，不到四年的光景，哈里·莱伯曼的作品先后被一些著名收藏家购买，并进了不少博物馆。美国艺术史学家斯蒂芬朗斯特里特写道：“许多评论家、艺术品收藏家，透过这种热情奔放、明快简洁的艺术，看到了一个大艺术家的不凡手法。可以说，莱伯曼是带着原始眼光的夏加尔。”

1977年11月，洛杉矶一家颇有名望的艺术品陈列馆举办了其第22届展览会，题为：哈里·莱伯曼101岁画展。这位百岁老人笔直地站在入口处，迎候参加开幕仪式的400多名来宾，其中有不少收藏家、评论家和新闻记者。作品中表现出来的活力赢得了许多参观者的赞叹。老人说道：“我不说我有101岁的年纪，而是说有101年的成熟。我要向那些到了60、70、80或90岁就自认上了年纪的人表明，这还不是生活的暮年。不要总去想还能活几年，而要想还能做些什么。着手干些事，这才是生活!”

潜能开发

莱伯曼最后的那段话振聋发聩。生活的质量并不取决于你的年龄，而取决于你对待生活的态度。

金牛屙黄金

战国时期的秦国，经过商鞅变法之后，国力迅速增强，一跃成为战国七雄之一。秦惠王为了与六国争雄，不断蚕食其他小国。在夺取河西以后，又加紧了对蜀国的进攻。

在当时，论兵力，秦国远远超过蜀国。可蜀国凭借险要地势，集中兵力扼守险关，形成"一夫当关，万夫莫开"之势。所以秦国屡攻屡败，折了许多兵将，仍难以通过秦岭。这使秦军不敢轻举妄动。

秦惠王更是心急如焚，为此寝食不安，多次亲自察看地形，多方打听蜀国虚实，终于想出了对策。

第二天，秦军停止了对蜀军的攻打。蜀军恐有偷袭，不敢怠慢，仍严守险关。

半个月后，蜀军上下都在议论一件稀奇事：说是在离蜀军关隘不远的艰险地段有一头金牛，屙的全是黄金。消息很快传到了蜀国国君那里，他将信将疑，派心腹前去察看。

心腹前去一看，只见一头三倍于大黄牛的大石牛屹立在道旁，屁股下面有几堆碎黄金。心腹把这些黄金收起来，疾马回宫，将黄金献给国君。

由于长年战争不断，蜀国国库已经几近空虚，蜀国国君正为此发愁。听到心腹的这个喜讯，不由心花怒放。为防止别的国家抢先下手，他立即派出军队前往保护，同时动用大量的人力、物力，遇山开路，逢水架桥，使天堑变通途，很快就修成了一条通到都城的运输道，金牛也被顺利地运到了蜀国宫中。

蜀国国君迫不及待想看金牛屙黄金。可是等了大半天，也没见黄金从牛屁股里落下来，他又绕着金牛转了几圈，生气地问心腹："这金牛怎么不会屙黄金了？"

心腹战战兢兢地说不知。

国君大怒："你竟然谎报军情，戏弄寡人？来人，将他拖下去斩了！"

可话音刚落，卫士进门来报："秦军已经兵临城下。"国君大吃一惊，宫中顿时乱作一团。

原来，金牛根本不会屙黄金，这完全是秦惠王设下的圈套。他在察看地形后发现用强攻的办法根本不能攻下蜀国。后来，他又听说蜀国兵少力弱，国库空虚，国君求富心切时。就设下骗局：先派人秘密凿制了这头庞大的石牛，悄悄运到通往蜀国的最艰险的地段，暗中在石牛屁股后撒放了几堆碎黄金。然后叫部下四处散布谣言，骗蜀国国君上当。

后来，蜀国国君果然上当，为了把"金牛"运回都城，还特意开山修路。他没想到的是，到头来金牛没能屙黄金，反倒打通天险道路把秦国大军引来了。

潜能开发

永远不要相信天上会掉馅饼，世界上没有免费的午餐，贪小便宜往往吃大亏。

一幅画的两种解释

有位商人为了生意，到远方的城镇去洽谈买卖，忽然想到朋友的生日即将到了，自己应该买个礼物带回去祝贺。

商人觉得："我虽然每天东奔西跑地经商，没什么学问和文采，但是我应该挑一件雅致且非常有品味的礼物送给我的朋友，那样也会显出自己有气质。"

商人打听到本镇有一个很好的画店，在本地乃至全省都很有名气，于是登门拜访。

“请问老板在吗?”商人来到了这家画店后，看到一位衣衫褴褛的老人便问道。

“请问有什么事吗”老人头也没抬地回答。

“我想要一幅最有气质、最有深度的画，送给朋友当贺礼。”商人说着。

老人终于抬起头来，端详着面前这位有着整齐又干净外表的人，问道：“请问先生觉得什么样的画是最有深度、最有气质的呢?”

根本不懂画的商人，被这样反问，一时语塞不知该答什么，便说：“我有一位朋友，不几天就过生日，那么就送他一幅牡丹图作为礼物吧。牡丹不正代表大富大贵，简单明了又有意义吗?”

老人点了点头表示明白他的意思，便现场作了一幅牡丹图让商人带了回去。

商人参加了朋友的生日聚会，并当场将之前请老人画的那幅牡丹图展示出来，所有人看了，无不赞叹这幅活灵活现的画作。

当商人正觉得自己送的贺礼最有气质、最有品位的时候，忽然有人惊讶地说：“嘿！你们看，这真是太没诚意了。这幅牡丹花的最上面那朵，竟然没有画完整，不就代表‘富贵不全’吗?”

于是所有的嘉宾都看到了这幅画的瑕疵，而且都觉得那个人说得很对，牡丹花不完整，当然是富贵不全了。

最难过的莫过于这位商人了，只怪当初自己没有好好检查这幅画，原本的一番好意，反而在众人面前出丑，而且又不能改变这个事实……

这时候，主人却站出来说话了，他深深地感谢这位商人，大家都觉得莫名其妙，送了一幅这么糟的画，还要道谢?

主人说：“各位都看到了，最上面的这朵牡丹花，没有画完他该有的边缘，牡丹代表富贵，而我的富贵却是‘无边’，他祝贺我‘富贵无边’。”

真是太对了！众人听了无不觉得有道理，而且还全体鼓掌，认为这真是一幅非常具有深意且完美的画作。

商人是在场唯一感受到两种不同处境最深刻的人，他十分佩服这位主人。

从此，两人的关系更亲密了。

潜能开发

人和人看问题的方式不同，这是显而易见的。同样一件事情，如果你只看到它不如意的一面，当然会令你很不开心，继而认为这件事情简直是糟透了，不如完全抛弃。然而，如果你注意到这件事情也有可爱的一面呢？所以我们看问题时不妨换个角度，这样便能豁然开朗。

如此做长工

浙江兰溪县溪西有个财主，他为人吝啬，对待长工特别刻薄。给他干活的长工一年到头难得空闲，可是却从来没吃上过一顿饱饭，不仅如此，他还经常无故克扣工钱，因此，那些穷苦人都不愿意到他家里做工。背地里，人家都叫他“刻薄鬼”。

毕矮听人说了财主如何对人刻薄的事情以后，决定好好教训他一顿，为那些受过他欺负的长工出口恶气。

这一年，刻薄鬼四处寻找长工，却无人愿意到他家里做工。刻薄鬼正在为找不到长工而苦恼，这时候，毕矮来到他的家主动说愿意做长工。

刻薄鬼问他：“你想要多少工钱？”

毕矮说：“老爷，工钱少些倒没有关系，不过要依我两件事：第一件，半忙半闲的活我不干；第二件，空路我不走。”刻薄鬼一听，工钱少没关系，顿时高兴了，满口答应，并当即立下契约。

第二天一大早，刻薄鬼就叫毕矮去挑猪粪。毕矮理直气壮地说：“挑猪粪出去满担，可是回来空担，这是半忙半闲的活，我不干。”刻薄鬼火冒三丈，想辞退他，但一想已立过契约，也就没话说了。

这时正值早稻旺发，可是天却总是不下雨，田里正需要水灌溉。刻薄鬼看见毕矮却在无所事事地闲逛，一日三餐照吃不误，却总也不去车水。刻薄鬼看着生气，他实在忍不住了，就责问毕矮：“天这样干旱，你为什么不到田里去车水？”

毕矮理直气壮地说：“老爷，车水一天到晚都得走空路，按照我们之前的约定，这样的事情我是不会给你做的。”

刻薄鬼吃了亏，心里气恼。

这天刚刚四更时分，刻薄鬼就在床上高喊着叫毕矮起床。刻薄鬼用命令的语气说：“在早饭以前，你替我去割白菜，饲牛。”

毕矮满口答应着，于是，在早饭前毕矮把白菜全部割了喂给牛吃。刻薄鬼起床后看到，骂个不停，气得直跺脚。

毕矮解释说：“老爷，不是你亲口吩咐我割白菜饲牛的吗？”

刻薄鬼气得要命，但还是强压着怒火，吩咐道：“你快给我去挑水、垫猪栏！做不完不准吃饭”。

毕矮答应着就出去了。只见他从河边挑来水，一担担直往猪栏里倒。刻薄鬼吃过早饭，跑来看毕矮做得怎么样了，却见猪栏里充满了水，几只小猪已经被淹死了，而毕矮还在不停地从河里挑水，然后倒在猪栏里。

刻薄鬼简直快被气疯了，破口大骂。

这时候毕矮却大笑着说道：“老爷，您为什么这么生气呢？割白菜喂牛，挑水垫猪栏，这不都是您吩咐我做的吗？”

刻薄鬼气得一句话也说不出来，只好把毕矮辞退了。毕矮为长工们出了恶气，很高兴地卷起铺盖走了。

潜能开发

所谓“以其人之道还治其人之身”，一个人对人刻薄，别人就会刻薄地对待他；同样地，如果他为人慷慨，也会受到别人的大方相待。

你赢她输

阿凡提专与巴依作对。有一次自认为聪明的巴依为了报复阿凡提，雇他为长工。

一天，巴依和老婆下棋，就把阿凡提叫到跟前说："阿凡提，听说你很聪明，那你就来猜猜我们这盘棋的输赢吧。猜对了，我给你一个元宝，猜错了，你就要挨我 20 皮鞭。"阿凡提同意了，当场铺开一张纸，在上面写道："你赢她输"。

巴依看在眼里，故意把棋输给了老婆。"你输了，该打 20 皮鞭了！"他得意地对阿凡提说道。

"老爷，我猜对了！"说完，阿凡提念道："你赢她？输！"

这句话表达的意思是巴依输，老婆赢，巴依一句话也说不出来。"不行，再猜一盘才算。"狡猾的巴依说道。阿凡提又同意了。这一盘，巴依赢了她老婆。阿凡提打开一念："你赢，她输！"

巴依无话可说，他的阴谋又没有得逞："不，还得猜一盘！这次我说话一定算数，你要是猜对了，这元宝就是你的了；猜错了，可就别怪我对你不客气了！""可以，不过这回你说话可得算数了。"阿凡提说。这一盘，巴依与老婆故意下了和棋。阿凡提又打开纸念道："你赢她输？"

这次阿凡提不肯定谁赢谁输，所以说他们和了。巴依的阴谋再次落空。

潜能开发

一句话有了 3 种念法，果然是机智的阿凡提。其实，我们每个人都有阿凡提一样的智慧，只要你能看透所在的环境，猜透对方的用心，就能胜利。为什么要按照别人的路子出牌呢？料敌于先，自然轻松胜利。

体会对方的处境

清代大学者纪晓岚，小时候不仅聪慧过人，而且富有同情心，遇到不平之事，总要想方设法助人急难。

一天，他经过坟场，忽见一位身穿白色孝衣的少妇跪在一座新坟前哀哀痛哭，那哭声又悲惨又凄凉，实在让人难受。纪晓岚不由得上前慰问道：“您为什么哭得这样伤心啊？”

那少妇见是纪晓岚，知道他是当地的神童，便向他诉起苦来：“我丈夫刚死，丢下2个孩子和他70多岁的老母亲，叫我这寡妇怎么养家活口啊？”说完，泪如泉涌。

纪晓岚忙安慰她道：“别哭，别哭，你到我家来，我为你写张状纸，到县太爷那儿去告。”

少妇抹去眼泪，说：“不行，不行。告谁？告谁？”

“您别急，我自有办法。”纪晓岚说着把她带回家，很快写好状纸。

县太爷在大堂接过穿戴着重孝衣服的少妇的状纸，只见上面写着：“状告丈夫死得早，留下老的老来少的少。民妇叩问父母官，守着好还是走了好？”

县太爷看着看着，皱起了眉头，捋起了胡须，陷入了进退两难的处境里：说走了好吧，夫死要守节，男人尸骨未寒就嫁人，岂非违背三纲五常，坏了风教？若是传扬出去，我这顶县官的乌纱帽都要保不住啊。不行，不行！说守着好吧，岂非明明是向我这个父母官要救济款吗？钱啊，钱！我不明不白将钱给一个穷妇人，虽说是公款，岂不是挖了我的心头之肉？不行，不行。

县太爷在案桌前折腾了半天，仍得不出个较好的断案办法。最后，他脑子里忽地闪了一下灵光：哎，自己即将任满了，能否升迁，全靠社会舆论和上司考察。何不趁此机会花些钱，出个烈女贞妇，也算我教化有方，为我买个好官声呢？今天舍得花鸡钱，或许将来赚个牛钱呢！

“天下以孝为重，还是守着好！”县官说着，便叫差役给少妇支了10两纹银。

有人觉得纪晓岚真神，就问他：“你怎么写了一个状纸就为寡妇赚得了10两纹银？”

纪晓岚笑道：“县太爷平时很小气，可他就要任满了，面临着升、迁、平调的利害抉择，小气也要变大方啊。”

潜能开发

人常常受当前的处境和自己的心理状态控制：摸清了对方的处境及心理状态，办起事来自然就顺利多了。

都是粮食惹的祸

祖逖是东晋名将、豫州刺史，他为了恢复晋朝江山，曾多次率军北伐，收复了黄河以南的大片土地，为晋朝立下汗马功劳。

这一年，祖逖率军与北方羌族首领石勒的侄子石季龙交战，石季龙不是他的对手，很快就败逃了。石季龙在败退途中，抢劫了豫州，留下战将桃豹守卫一座孤城。

祖逖乘胜追击，派先锋韩潜攻打豫州。没想到，韩潜、桃豹实力相当，经过反复剧烈的较量，谁也占不了上风，结果僵持在孤城里：韩潜占据东城，从东门出入；桃豹占据西城，从南门出入。双方拉锯式地打打停停，战斗了四十多天，军粮都快吃完了。

于是，韩潜向祖逖求援粮草，祖逖心里非常焦急，军饷本来就紧缺，到哪儿去筹备粮食呢？

祖逖谋划了许久，终于想出了一个对策。

这天，他命令官兵拿出上千只空米袋，命人将黄土灌入米袋，一袋又一袋地排列在地上。然后，组织千人的粮食运输队，另派精兵“护送”，将“军粮”运到韩潜驻守的东城去。另外，他又派出几名士兵挑着几袋货真价实的粮食，跟在运输大队后面，装作疲劳不堪而掉队的样子，停在路边休息。桃豹见状，立即发兵避实就虚，放过祖逖的运粮大队，抢劫“掉队”的粮食。那几名“掉队”的运粮兵见敌军蜂拥而至，即按祖逖的吩咐，弃粮逃走。桃军欢天喜地地抢走了那几袋粮食。

粮食上交给桃豹，打开口袋一看，全是白花花、饱绽绽的大米。桃军官兵因为连续多日没吃上饱饭了，一个个像饿狼似的盯着它们。桃豹挥了挥手，示意可以烧饭，部下一拥而上，将它们瓜分了，结果只有部分士兵吃上，大多数士兵都没沾上一粒米，纷纷骂娘，想到东城的韩军已获得大批接济的粮食，再也没有心思打仗了。桃豹又急又恨，不得不派人连连催请石勒运粮救援。

石勒见催粮，立即筹集了大批军粮，组织了运粮驴马千头给桃豹送去。谁知祖逖早已料到对方有此一举，命令韩潜等派重兵在敌人必经的汴水一带予以拦截，结果把石勒的运粮人马全部俘获，粮食全被运到祖逖营中，结果倒是解决了祖逖的粮食危机。

桃豹的军队早就断了粮食，几天过去了，却仍然不见石勒的粮食运到，而韩军却粮食充足。桃豹知道自己再这样僵持下去，一定不是韩潜的对手。于是，趁着黑夜，率领部下悄悄地逃跑了。

韩潜就这样不费一兵一卒，轻易地占领了豫州。

潜能开发

在利益面前，不少人会变得斤斤计较起来，利益的分配不均常常带来矛盾纷争，因此，一个集体，要想始终保持团结，就要尽量顾及到每个个体的利益得失。

找出事物的本质原因

认真观察和分析，看破表面假象，看透事物的本质——这是认识事物和解决问题的关键。

说说谁更美

邹忌是齐国的相国，也是出了名的美男子，很受齐威王的赏识。

据说，齐威王刚即位的时候，他9年不理朝政，整日沉迷玩乐。后来邹忌利用为齐威王弹琴的机会，劝谏齐威王，于是齐威王拜他为相国，加紧整顿朝政。

这天早晨，身材修长、形貌漂亮的邹忌穿好衣服，戴上帽子，照了照镜子后问妻子说："我和城北的徐公比，谁更美呢？"

妻子回答说："徐公哪有您美呢？"

邹忌想：徐公是齐国有名的美男子，自己哪里比得上他呢？

他又问妾说："我和城北的徐公比，谁更美呢？"

妾说："徐公当然不如您美！"

后来，有位客人来访，邹忌又问客人同样的问题。

"徐公确实不如您美。"客人恭恭敬敬地说。

第二天，恰好徐公来拜访，邹忌仔细看了看徐公，觉得自己确实不如他美。可是为什么妻妾和客人都说自己比徐公美呢？

晚上，他想了很久，最后终于明白了："妻子说我比徐公美，是爱我；妾说我比徐公美，是怕我；客人说我比徐公美，是有求于我。"

第三天，邹忌上朝对齐威王说：

“臣确实自知不如城北的徐公美，但臣的妻子爱我，臣的小妾怕我，臣的客人对我有所求，所以都说我比徐公美。由这件事，我联想到：我们齐国，地有千里方圆，城有120座。你身边的人，没有不怕大王您的；朝里的大臣，没有不偏护大王您的；齐国境内的人，没有不对大王有所求的。这样看来，大王所听到的那些赞美的话其实并非都是真的，您所受的蒙蔽很厉害呀!”

齐威王觉得邹忌说的有道理，决定广开言路，就下令说：“以后，不管是谁，凡是能当面指责我过失的，可以得最上等的赏赐；能用书面文字批评我的过失的，可以得中等的赏赐；能在大庭广众中非议我的，只要让我知道，就可得下等的赏赐。”

没过多久，文武百官纷纷来向齐威王进言，齐威王虚心地听取他们的意见，不断改正自己的错误。齐国也因此渐渐强盛起来。

潜能开发

“虚心使人进步”这句话似乎有点老生常谈，但是真正做到的又有几个人呢？只有那些能够虚心接受别人批评意见，并且不断改正错误的人才能够不断进步。

解铃还需系铃人

南唐时候，金陵清凉山上有座庙，庙内长年香火旺盛。许多年轻的和尚就是在这里跟从著名的佛学大师法眼禅师学习佛法。在这些和尚中间，有一个名叫泰钦的小和尚，他聪明过人，只是常常触犯法规。法眼禅师对他是又爱又恨。

有一次，泰钦趁众和尚不注意的时候，竟然躲到后山烧野鸡肉吃，结果被寺庙管理者撞见，被罚面壁3日。可他却仍不思悔过，还笑称：“酒肉穿肠过，佛祖心中留。”

泰钦刚刚因为偷吃肉被罚没几天，他又私自下山，到集镇上闲逛。他走到一家酒肆，只见门口挂着“3 杯倒”的旗牌。他心想：你说“‘3 杯倒’”，我偏要喝他 5 杯，看我倒不倒？

酒家见泰钦和尚要肉要酒，不免吃惊。因为山上寺庙来打过招呼，凡是和尚来饮酒，一律不准接待。可见泰钦掏出了钱袋，酒家还是照样将酒肉端上。

泰钦自斟自酌，越饮越痛快，最后，干脆来了个一醉方休，足足喝了 10 大杯。

10 杯下肚，泰钦早已经喝得酩酊大醉。他晃晃悠悠地回到庙里，刚进佛堂，就忍不住吐了起来，酒气熏天。这下可招来了众怒。武和尚们持棒槌地，以示抗议；文和尚们联名上书给法眼禅师，一致要求把这个屡犯戒律、败坏寺规的“不堪造就者”赶下山去，以正寺规。

法眼禅师听说以后虽然生气，但还是不忍失掉这样一个聪慧的弟子，想要再给他一次机会。但又一想，如果留下泰钦，一定会引得众和尚群情激愤，毕竟众怒难犯啊，而且要是不给他点教训，也会影响寺庙的声誉。

法眼禅师苦思冥想，终于想出了一个两全其美的办法。他把所有的和尚召集到佛堂前，对他们说：“泰钦触犯寺规，理应处罚，姑念其学习刻苦聪颖过人，再给他一次机会。试猜一谜，倘若泰钦不能解，而诸位中任何能解，则按寺规将泰钦逼出山门；倘若诸位中无一人能解，而唯有泰钦能解，那么仍留他下来，面壁思过。”大家也就同意了。

法眼禅师于是说道：“老虎脖子上挂着一个金铃，谁能在不伤老虎的条件下把金铃摘下来？”

众和尚想了很多办法，但都不是法眼禅师想要的答案，他们想：把老虎杀死，然后就可以轻而易举地解下金铃，只是这样做以后就违反了不伤害老虎的规定；可是，如果不伤害老虎去解金铃，就会被老虎吃掉。众和尚们绞尽脑汁，结果仍然面面相觑，没有一个人能答得出。

泰钦的行为惹怒众和尚以后，他的酒意也早醒了几分了。他想了想，突然说道：“解铃还须系铃人。只要让那个把铃铛系到老虎脖子上的人去解下铃铛就行了。他既然能够把铃铛系上去，就一定也有办法把铃铛解下来而不伤及老虎。”

这才是法眼禅师想要的答案啊。他听完泰钦的回答，长叹了一口气，说道："你果然聪明过人，按照我们实现的约定，这次姑且不逐你下山。"

众和尚也不得不佩服泰钦的聪明，虽然他们在心里还是对这个不守规矩的小和尚有些反感，但是既然法眼禅师有言在先，也不便违抗。

泰钦这时候，才明白禅师出这道题目的真正用意，"解铃还需系铃人"，由于泰钦自己的过失，弄得寺庙里的和尚们都不喜欢他，要改变这种局面，当然也要靠他自己了。

泰钦知道法眼禅师用心良苦，于是，决定改邪归正，潜心研读经文，最终成为了精通佛学的一代大师，他就是后人常说的法灯禅师。

潜能开发

一个人的过失，别人是没法帮助他改正的，只有靠自己的努力，才能得以克服。就像那老虎脖子上的铃铛一样，只有系铃人才能解得开。

以幽默的方式给人建议

优旃是秦国的宫殿演员。虽然他长得身材矮小，样子丑陋，但是却口才极佳，话语中总是充满着幽默和智慧。

初冬的一天。秦始皇在宫中设宴犒劳文武大臣。不巧天突然下起了冷雨。在宫外台阶下站岗卫士的衣服都被雨水淋湿了，一个个冷得嘴唇发紫，牙齿打颤。

优旃刚刚在宴席上唱了一段戏，走出宫殿，看到士兵的情景，觉得很同情，决定想办法让他们休息一下。于是，走过来对士兵说："一会儿我叫你们，你们就一起高声回答说'有！'"

卫士们点头称是。

优旃回到宫中，高声呼道："卫士们！"

卫士们在外面齐声答道："有！"

优旃说："你们虽然长得身材高大，却不得不在雨中站立着；而我虽然长得矮小，容貌丑陋，却可以舒服地在宫中休息！"

秦始皇听出优旃在诉说卫士们的辛苦，就下令让卫士分成两部分，轮流休息。

又有一次，秦始皇召集群臣商议，打算修建一个方圆几百里的大苑囿，供养各种珍兽奇禽供他玩赏。

优旃走过来，故意赞叹地说："陛下，这真是个好主意，多养些禽兽在苑囿里面，等到敌人攻打我们的时候，您只要命令这些禽兽用角去抵挡敌人就是了。"秦始皇笑笑，放弃了修大苑囿的想法。

秦始皇死后，儿子胡亥继位，他为了使京城咸阳看起来更华丽，竟下令把所有城墙都用油漆粉刷一遍，而这是要消耗大量钱财人力的。

优旃听说了这件事情以后，拍手吟唱道：

城墙漆得溜光光，
敌寇来了不能上；
城墙漆得油荡荡，
敌寇一爬准黏上！

优旃唱完，又故作为难的样子对胡亥说："陛下您要粉刷城墙的想法实在是太好了，只是油漆粉刷过的东西，不能曝晒，要阴干，漆才不会脱落。我看陛下还是先建一座能把整个城罩起来的大屋子，再油漆城墙吧。"

被优旃这么一说，胡亥也觉得自己的做法有点可笑，于是就放弃了油漆城墙的想法。

潜能开发

幽默是一种智慧，学会用幽默的方式来表达你的建议，会更容易被人理解和接受。

雨怕抽税不敢降

五代十国是中国历史上军阀割据、战祸不断的时期。各势力为了自己的利益纷纷挑起战争，结果长年战争连绵，可到头来受苦的却是老百姓。

在古诗中，常常有诗句描写这样的凄凉场景：千里无鸡鸣，万里堆白骨。

战争结束以后，百姓本以为可以过几天安居乐业的好日子。可是，统治者又开始对百姓横征暴敛。其中，南唐皇帝李昪即是这样一个暴政的昏君。

李昪在位时，常常为了自己的享乐，搜刮民财。百姓整日为许多捐税而愁苦，最后给南唐皇帝起了个外号：“万万税”。

这一年，天逢大旱，田地龟裂，禾苗干枯，河床朝天，深井汲干，老百姓都到龙王庙去求神拜佛，烧香念经，祈祷下雨，可折腾了好久，天上没有飘来一朵云，东方没有刮来一丝风，烈日当空，日日如此。

李昪对百姓的疾苦视而不见，却整日饮酒作乐。

这天，李昪又像往常一样，在花园里举行盛大宴会。饮醇酒佳酿，嚼山珍海味，侃天南地北，赏笙歌燕舞。这时不远处传来了轰隆隆的雷声，不一会儿，太监很高兴地跑来禀报说：“京都郊区突然下起雨来，雨量特大，庄稼得救了。”

李昪听说干旱了这么长时间，终于天降大雨，于是龙颜大悦。可是，一会儿，他又开始疑惑起来：现在京郊下起雨来，唯独京城却不下雨，这是为什么呢？难道有什么冤情吗？他忍不住，就问身边的人，这是何故。大家都摇头说不知。

这时候，站在一旁的教坊长申渐高笑着回答道：“这雨是怕抽税，所以不敢在京城降落啊！”

李昪听了这句玩笑，羞愧难当，这才意识到自己平日里为了自己的享乐，而不顾百姓，苛收重税，如果任由事态发展下去，将会导致怎样严重的后果。于是，他当即斥散宴席，下令减免了很多不必要的税收。

潜能开发

“雨怕抽税不敢降”这当然是个笑话。但也说明了一个人如果太过于霸道，一心只想着自己的享乐而不顾他人，必然招致别人的厌弃和远离，最终成为“孤家寡人”。

做最重要的事情

田巴是齐国有名的雄辩演说家。在辩论中，他总是滔滔不绝，口若悬河，令对方哑口无言。在徂丘、稷下一带没有一个人是他的对手。

他尤其擅长诡辩，他可以把完全不同的东西说成一模一样，把历史上的春秋五霸统统贬斥得一钱不值，并且有理有据，没有人能够驳倒他。

鲁仲连是徐劫的学生，虽然只有12岁，但是同样能言善辩，他听说田巴的赫赫声名，心里很不服气。一天，他对徐劫说：“老师，我想去同田巴辩论一番，好让他不要再摇唇鼓舌，瞎吹牛皮，好不好？”

徐劫心想鲁仲连年纪这么小，一定不是田巴的对手，就劝鲁仲连不要去。但是鲁仲连主意已定，并且一副自信的神情，徐劫也只好勉强答应了。

鲁仲连见了田巴，就单刀直入地说道：“我曾听人说过，厅堂上的垃圾没有清除，哪还顾得上铲除郊野的杂草呢？在短兵相接进行搏斗的时候，怎能防备远处射来的冷箭呢？这是什么道理？这叫事情有个轻重缓急，如若急事不办，次要的事却先办，岂非乱套？现在，我国形势非常危急，南阳地方有楚国大军屯驻，高唐一带遭受赵国军队攻打，聊城被10万燕军团团围困。田先生，您可有什么救急的妙计吗？”

田巴本来根本没把鲁仲连这个12岁的小孩儿看在眼里，没想到他竟然会问出这样重大的问题来，一时张口结舌，不知道如何回答，只得红着脸说：“没有办法。”

鲁仲连笑道：“在国家危急的时候，不能想出拯救国家的办法；百姓面临危险，不能提出安抚之计，这怎么能算是擅长演说的学者呢？真正有价值、有本事的辩才是那些能解决实际问题的人，可您只会滔滔不绝地说一些空话，这和猫头鹰喋喋不休的叫声有什么两样呢？”

田巴自觉无地自容，只是羞惭地连声说：“说得对，说得对。”

从此以后，田巴再也不在人前夸夸其谈那些不切实际的话了。

潜能开发

只有永远把最重要的事情排在第一位，你才会感到自己总是在做重要的事情，才能体现出你的价值和你做事情的意义。反之，则会走上舍本求末的歧途。

苏东坡如何拒绝别人

听说苏东坡在朝廷里做了大官的消息以后，他的一个同窗好友就来找他帮忙。如果是别的忙苏东坡还可以帮，可是他的这个同窗好友想做官，希望通过苏东坡的关系弄个一官半职。苏东坡知道这个人不学无术，如果让他做了官，一定不会是个好官。但是，毕竟是多年同窗，苏东坡又不好直接拒绝他。

于是，苏东坡没有正面回答，却说：“我今天看到一个很有趣的小故事，讲给你听吧。”

同窗好友不知用意，就饶有兴趣地听他讲故事：

一个盗墓贼跑到西城的山坡上，花了两夜时间，挖开了一个瓷灰做的墓。当他把墓棺打开时，只见一个帝王打扮的人坐在那里。盗墓贼被吓了一大跳，忙问那人是谁。墓中人说道，“我是汉朝第 4 代皇帝，名叫文帝。”盗墓贼一听，高兴了，他想皇帝的墓，那金银珠宝一定很多呢。于是，就向文帝说明自己的来意。汉文帝很遗憾地说：“你找错墓了，我是主张不用金银玉器陪葬的，只有一些坛坛罐罐在我身边。”盗墓贼只好垂头丧气地离开了墓地。

他又找到城东的荒地里，花了整整一夜的时间，挖开了一个砖石砌成的墓。当他把墓棺挖开时，只见一个光着身子的人坐在那里。盗墓贼又是一惊，急问他是谁。墓中人说自己是汉朝的地方官员王阳孙。盗墓贼可笑开了：地方官员的金银珠宝虽比不上皇帝，但玛瑙铜钱总有点吧！王阳孙知道他的来意后，苦笑着说："你找错墓了！我主张光着身子下葬的，有什么陪葬品可以给你呢？"盗墓贼唉声叹气地离开了墓地。

盗墓贼还不死心，又来到北城的山沟里，花了半天时间，挖开了一个黏土围成的墓，只见一个干瘪枯瘦的人靠在坑壁上。盗墓贼更是一惊，忙问他是谁。墓中人哭丧着脸对他说，自己是商朝的臣子伯夷。盗墓贼觉得又有希望了：商朝的铜器是有名的，说不定墓中就有大量的铜器陪葬品呢！

伯夷听说他来盗墓，有气无力地说："你找错墓了！我是活活饿死的，连棺木也没有，哪有钱给你呢？"盗墓贼很恼火，准备去把西边那座墓挖开。伯夷摇摇手："别白费力气啦！西边那座墓是我弟弟叔齐的，他同我一起饿死在首阳山的，你还是到别处另想办法吧！你看我的样子，我弟弟的情况也就可想而知了。"

苏东坡的故事讲到这，那位同窗好友也明白了苏东坡的意思，知道苏东坡是在用这样的故事暗示自己不要白费力气来求他，他是无能为力的。同窗知道没有希望，于是就起身告辞回家去了。

潜能开发

当别人有求于你的时候，总是不愿意听到被拒绝的答复。但是很多时候，我们又力不从心，只能说"不"。生硬的拒绝总是让人心有不满；而用委婉的方式来拒绝别人，则会让别人更容易接受。

不可做荒唐的决定

秦朝末年，西楚霸王项羽和汉王刘邦争夺天下，连年战争却仍然难分胜负，战局呈现拉锯式的僵持状态。

连年战争，百姓苦不堪言，纷纷扶老携幼远离家园逃避战祸，在逃难的路上，老弱病残冻饿而死的不计其数。

这一年，项羽再次发兵攻打一个战略重镇——外黄。宋军严密防守外黄，不让项羽有可乘之机。因此，尽管项羽动用大量兵力，攻打了好些时日，却总是攻不下来。项羽为此茶饭不思。

就在项羽紧锁眉头，在考虑破城之计时，忽然探子飞马前来报告："外黄的宋军向彭越投降了。"

刚愎自用的项羽勃然大怒，想：彭越何德何能，竟然帮了刘邦趁火打劫，不费吹灰之力就坐收渔翁之利。

项羽当即传令全军："随我去踏平外黄，活捉彭越！"

且不说这边项羽怒气冲冲率领大军火速向外黄进发，那彭越也是个懂得战略战术的军事家，他晓得凭自己的现有实力难于同项羽硬拼，便避其锐锋，率军暂时撤出外黄。项羽很快进驻外黄。

项羽虽然占领了外黄，但是余怒未消，把一股怨恨都发泄在了外黄的百姓身上，下了一道残酷的命令：凡是外黄城里 15 岁以上的男丁，统统集中到城东活埋。

顿时，外黄城里百姓一片恐慌。有一些人想方设法，辗转相托，恳请项羽收回成命，可是毫无效果。

这时，外黄县令的一个门客有个 13 岁的儿子，自告奋勇地要去劝说楚王收回成命。

门客听了儿子的话，很担心。但儿子决心已定，门客只得答应。

门客的儿子径直来到项羽住处，对卫兵说："我有重要情报面告大王。"哨兵不敢疏忽，进去通报，项羽即刻传见。

门客儿子见了项羽，说道："彭越想来抢劫我们，全城百姓怕他毁坏城池，所以暂时向他投降以求保身，其实，我们一直都盼望着大王您的到来啊。现在总算把您盼来了，可是您却要活埋我们，如果这件事情被外黄往东十几里城池的百姓知道了的话，还怎么肯乖乖地归顺您呢？"

项羽顿时醒悟，知道自己太过于冲动，险些酿成大错。于是，下令赦免所有壮丁。

外黄往东的百姓听说了这件事情以后，都觉得楚王项羽是个英明的君主，纷纷前来投奔。

潜能开发

人们在冲动的时候往往会感情用事，结果犯下一些不可挽回的错误，甚至是终身遗憾。所以，在冲动的时候，首先要做的是设法让自己冷静下来，而不是冒失地做一些荒唐的决定。

接受时间的考验

一个人因为一件小事和邻居争吵起来，争论得面红耳赤，谁也不肯让谁。最后，那人气呼呼地跑去找牧师，牧师是当地最有智慧、最公道的人。

“牧师，您来帮我们评评理吧！我那邻居简直是一堆狗屎！他竟然……”那个人怨气冲冲，一见到牧师就开始了抱怨和指责，他正要大肆指责邻居的不对，就被牧师打断了。

牧师说：“对不起，正巧我现在有事，麻烦你先回去，明天再说吧。”

第二天一大早，那人又愤愤不平地来了，不过，显然没有昨天那么生气了。“今天，您一定要帮我评出个是非对错，那个人简直是……”他又开始数落起别人的劣行。

牧师不紧不慢地说：“你的怒气还是没有消除，等你心平气和后再说吧！正好我的事情还没有办好。”

一连好几天，那个人都没有来找牧师了。牧师在前往布道的路上遇到了那个人，他正在农田里忙碌着，他的心情显然平静了许多。

牧师问道：“现在，你还需要我来评理吗？”说完，微笑地看着对方。

那个人羞愧地笑了笑，说：“我已经心平气和了！现在想来也不是什么大事，不值得生气的。”

牧师仍然不紧不慢地说：“这就对了，我不急于和你说这件事情就是想给你时间消消气啊！记住：不要在气头上说话或行动。”

怒气有时候会自己溜走，稍稍耐心地等一下，不必急着发作，否则会惹出更多的怒气，付出更大的代价。

潜能开发

时间是检验一切事情的标准。一件事是不是值得做，做了有哪些益处、害处，可能一时都难于判断。别急，等上一段时间，结果，就自然摆在你的面前了。而且，经过了时间考验的往往才是最真实的。

给国王讲了一个故事

苏代是苏秦的弟弟，像哥哥一样，他也是一个聪明机智的人。当他听说赵惠王要攻打燕国的消息以后，觉得这对赵、燕两国都没有好处，决定劝阻赵惠王，放弃这场战争。

见到赵惠王后，苏代不提战争的事情，反倒给赵惠王讲起了故事：在易水河边有一只很大的河蚌，它正张着壳在河边晒太阳，柔和的阳光照在它白嫩的肉上，真是舒服极了。这时，一只精瘦的鹬鸟从河蚌的身后偷偷地走了过来，它很饿，看到河蚌露出壳外的鲜嫩肉，口水早就流下来了。于是它举起尖利的长嘴巴，就向河蚌一口啄去。

河蚌受到突然袭击，急忙夹紧坚硬的外壳，把鹬鸟的长嘴巴牢牢地夹住。

鹬鸟拼命挣扎，可是河蚌的硬壳却越夹越紧。鹬鸟于是对河蚌说："你不要这样凶狠，如果今天不下雨，明天不下雨，你不是要渴死吗？我就等着吃你的死蚌肉了！"

河蚌的那一块嫩肉依然在鹬鸟的长嘴巴里，河蚌忍着疼痛，嘲笑鹬鸟说："你要吃我的肉，我就要你的命！今天不放你，明天不放你，你也非饿死不可！"

就这样，它们两个僵持着，谁也不肯让步。

有个渔夫看见了这一情形，就跑了过来，伸手把它们逮住，放进鱼篓里。结果鹬鸟和河蚌都成了渔夫的美餐。

赵王正听得津津有味，苏代突然把话题一转，说："大王您现在要出兵攻打燕，这和鹬蚌相争有什么区别呢？燕、赵两国国力相当，赵国在几年内不可能把燕国打败，势必长期相峙下去。强大的秦国看见燕、赵都疲惫不堪，一定会像易水边的渔夫那样趁机从中渔利。这对我们有什么好处呢？您现在发兵攻燕，这不是自取灭亡吗？"

赵惠王这才恍然大悟，于是，当即下令取消攻打燕国的计划。

潜能开发

做事情的时候，不能斤斤计较眼前的利害得失，一定要把眼光放远一些，要考虑到可能产生的结果，只有这样，才不会重演"鹬蚌相争"的悲剧。

像我这样的人很多

曹丕自立魏王以后，宣布封孙权为吴王，加九锡。吴王孙权知道自己的实力不如曹丕，只得委曲求全，接受了魏的授命。之后，按照礼节，孙权要派使者出使魏国，表示答谢。于是，他就派能言善辩的赵咨出使魏国。

赵咨来到魏国，拜见过曹丕后，曹丕不怀好意地问道："吴王是什么样的君主呢？"

赵咨立刻高声答道："是聪明仁智雄略之主。"

曹丕听罢，心中大为不快，脸色骤变，但还是装出一副假惺惺的样子，问："那么你是否能举个例子给寡人听呢？"

赵咨深施一礼道："既然魏王如此说，那么我就举吴王做的几件事情为例吧。"赵咨清清嗓子，继续说道："鲁肃出身平民之家，吴王让他做心腹大臣，这不是'聪'吗？吕蒙是士兵出身，吴王培养他做领兵将军，这不是'明'吗？吴王俘虏了魏将于禁却不杀他，这不是'仁'吗？吴王攻下了荆州却不命令士兵大开杀戒屠城，这不是'智'吗？而今，吴王拥有三州之地，却心想着天下四方，这不是讲策略吗？”

赵咨讲的这番话，句句属实，又软中带硬，曹丕虽心中不快，却不好发作，于是，只是略皱皱眉，转移话题说：“吴王有学问吗？”

赵咨马上回答道：“吴王选拔贤能，专心研究兴邦济国大计；一有时间，他就广泛阅读经书史籍，向先人学习治国安邦之道。因此，吴国才会如此兴盛发达。”

曹丕又故意刁难说：“既然吴王这么起用贤人，国力这么强大，能向外讨伐，南征北战吗？”

赵咨理直气壮地道：“大国有征伐的雄兵，小国也自有防御的良策。”

曹丕试探地问道：“那么吴国怕不怕魏国呢？”

赵咨直视曹丕，慷慨激昂地说：“东吴有百万雄师，以宽阔的长江作天险屏障，还会怕谁呢？”

曹丕终于被赵咨问得无话可说，对赵咨的雄辩才华也不禁暗中佩服，于是又问道：“吴王手下，像先生这样的人才有多少呢？”

赵咨见曹丕的态度有所好转，不慌不忙地回答道：“吴王手下，聪明通达的人也就近百人；但是，像我这样的人却是车载斗量，数不胜数。”

曹丕本想刁难赵咨，借机侮辱吴王，可没想到，赵咨却如此能言善辩、巧舌如簧，曹丕根本无机可乘。于是，曹丕按照应有的礼节，款待了赵咨。

潜能开发

即使面对强劲的敌手，也不要放弃自尊，因为只有懂得自尊，懂得尽全力去维护自尊的人才能赢得别人的尊重。

失误也许是通往成功的大门

有一个小孩在家中学国画，还未开始画，就把墨汁滴到了洁白的宣纸上，慢慢漫开来，变成了一个丑陋的黑渍。

小孩很懊恼，准备换一张宣纸。

可是，他的妈妈说："这点墨渍不是很好吗？"孩子的妈妈取过笔，用那点墨渍画了一只小花猫，竟然栩栩如生。

孩子拍手高兴地喊："原来墨渍可以变成小花猫。"

墨渍当然不能变成小花猫，而是因为心里首先没有了那点墨渍，它可以是一只小花猫，也可以是一头象，或是一片树林，就看你如何改变它。

还有一位德国工人，在生产书写纸时，由于粗心弄错了配方，生产出了一大批不能书写的废纸。他被扣工资、罚奖金，最后还被公司解雇了。正在他灰心丧气的时候，他的一个朋友提醒他，这些纸难道真的没有用处？于是他仔细研究这些纸，他发现这些纸虽然不能书写，但是吸水性却极好，可以用来吸干器具上的水。于是，他将这批纸切成小块，取名为"吸水纸"，投放到了市场上，结果十分抢手，后来，他申请了专利，成了德国著名的大富翁。

全球饮料巨无霸可口可乐的研究成功也是源于一个美丽的失误。美国亚特兰大有一个业余药剂师，叫潘伯顿。他有一天突发奇想，想研制一种令人兴奋的药，他用桉树叶作为材料，做了很多努力，药效却不好。

有一天，一位患头痛的病人前来医治。潘伯顿让店员取他配制的头痛药给他。可是，店员在给他药时，不是冲入了水，而是失误地将苏打水冲进了药瓶。病人饮后，潘伯顿才发觉配方错了，所有人都大惊失色。但奇怪的是，病人的头痛症减轻了，而且没有发生不良反应。潘伯顿如释重负。

过了些天，潘伯顿突然受到了启发，他把头痛药和苏打水进行冲兑，进行试验，发现这些液体芳香可口，益气提神。结果，在他的改良下，可口可乐从药品变成了饮料，风靡全世界。

潜能开发

一个人不可能没有失误，但是除了致命的失误，许多失误并不是那么可怕，大都可以转化甚至绝处逢春。问题在于，你如何面对它，如果你犯了小错，却认为这是致命的，那就足以击败你；如果认为这是成功的一种预示，那你就已经按响了成功的门铃，再推一把，就跨进了成功的门槛。

避免更大的错误

宋朝的高昉在任蔡州知府的时候，经手断过不少的案子，也纠正过不少冤案。

当时，在蔡州有个地主叫王义，一天夜晚，王家突然闯进一帮强盗，他们把王家老小全部捆绑以后，把能够找到的钱财都抢走了。

事情过后，王家来官府报案。高昉细心察看了王义家失物的清单，便将清单分发给办案官吏，要求以此为线索，在街头巷尾注意观察。

这天早上，衙役正在集市上巡视，突然发现有一个摊上5个壮汉在卖旧衣服，而且价格都很便宜。衙役看了觉得很奇怪，上前装作挑选衣服。无意间拿起一件衣服，却见上面绣有王字。衙役想到王义失窃清单上刚好有此物，当即把5个壮汉拘捕到衙门审问。

可是没想到，5个壮汉却大喊冤枉。官吏用刑，5个大汉被打得皮开肉绽，终于招供。供词和赃物既然都已具备，就立即将案宗交予高昉。

高昉看过5人的供词以后，发现有几处可疑。于是，马上派人前往调查5人的家境及平时的德行，结果却发现这几个人平时老实本分，家境尚可，均以合伙贩物为生。

高昉于是又将那绣有王字的衣服取来察看，觉得有异，便传王义到府查证。

高昉问："你所丢失的衣服是同一块布做的吗？"王义回答说是。

高昉比量了一下这件衣服用布的幅尺，发现阔狭不同，疏密有异。高昉又把衣服拿给王义辨认，结果这件衣服并不是王义所丢失的。

现在，一切都明了了。于是，高昉又将5个囚犯带上询问，5人大呼冤屈。经过盘问，高昉得知5人先前是因为经不住严刑拷打，才无奈招认。

高昉知道是误会一场，于是把他们当场释放。

没过几天，真正的罪犯被高昉捉住了。多亏高昉细心，不然就错杀了5个无辜的人，反倒让真正的凶犯逍遥法外。

潜能开发

发现了疏漏，就要及时查实，才能避免犯更大的错误，也可以及时补救，“亡羊补牢”，为时不晚。

如此疏忽

元朝仁宗廷祐年间，浙江吴兴县曾发生过一起杀人案，结果被抓到的“凶手”拒不招认，被关在大牢里三年之后，才发现这并不是真正的凶手。后经过仔细调查，真正的凶手终于被擒。事情的原委是这样的：

一天很晚的时候，一位村民外出归来，正走在回家的路上，突然从路边窜出一条黑影，他还没反应过来，就被“黑影”从后面刺中右肋，受了重伤倒在地上。之后，“黑影”逃走。

第二天早晨，伤者的哥哥见弟弟一夜没回家，就出来四处寻找，发现弟弟受了重伤倒在路边，已经奄奄一息。于是，他急忙把弟弟背回家。哥哥见弟弟伤势严重，生死难卜，就赶紧问弟弟凶手特征。

谁知弟弟只是勉强地断断续续说出了几个字“白帽子……黑衣服……高个子……”之后，就气绝身亡了。

哥哥悲愤交加，当天奔县府大堂报案。

县官略略思考片刻，唤来当夜的更夫发问：“有谁经过案发地点，特别是穿黑衣服、戴白帽子的？”

更夫想了想，回答说：“我昨晚只看到张福儿从那走过。”县官立即让衙役捉来张福儿。

张福儿被带到公堂上，可是任凭怎样严刑拷打，他就是不承认杀过人。县官为难：既然不承认，就不能贸然判决；可是，也不能就此释放。最后，他只得把张福儿关进监狱。一晃，张福儿在狱中度过了三年。

这一年，恰巧邓文原出任浙西道肃政廉访司事，新官上任，首先就着手清查积案。他在翻看张福儿的案宗时，发现张福儿一案存有很多疑点：

首先，死者临死前说凶手是高个子，可张福儿个儿并不高；再者，死者伤在右臂，而张福儿素用左手，如果从后面杀伤，伤应在左肋，为什么却在右肋呢？

邓文原认定其中定有冤情，于是重审此案。经过一番调查以后，事情终于水落石出：张福儿确实不是杀人凶手，那天晚上他刚好从那路过，并不知道发生了杀人事件。而真正的凶手另有其人，很快就被抓捕归案，招认了杀人一事。张福儿也因此获释。

潜能开发

古往今来，因为疏忽不知道冤枉了多少好人，耽误了多少好事，很多人似乎已经习惯了只关注一些根据，而不是全部根据，于是，一个个悲剧就在人们的疏忽间发生了。我们期待：多一些谨慎，少一些鲁莽。

细心观察不断启发

生活中蕴含各种启发人们智慧的事情，只要善于观察，就不难从中感悟到生活的真谛，还能发现其中蕴含的很多道理，进而启发我们的思维和创新能力。

让资产不断增值

有一天，一个年迈的富商为挑选自己合适的继承人，特地把三个儿子叫到身旁。

老人对三个儿子吩咐道："我给你们每人五颗稻粒，你们要好好保存，一旦我向你们要时，你们要还给我。

三个儿子异口同声地答应了，然后每人拿了五颗稻粒走了。

三年后的一天，老人自知将不久于人世，于是把三个儿子叫到跟前，问问他们如何保存那五颗稻粒。

首先问到大儿子。大儿子早就不屑一顾地把那五颗稻粒丢掉了。这时，他赶紧到自家仓库拿了五颗稻粒放在父亲面前。老人一看便知不是自己所给的五颗稻粒，问明情况后，十分生气地把大儿子责骂一通。

接着问二儿子。二儿子当时料想父亲肯定是有所用意，所以回去后用布层层把稻粒包好，放到一个盒子里藏了起来。所以二儿子不慌不忙回家取来盒子，把那五颗稻粒交给了父亲。父亲见后表示满意。

最后轮到小儿子。小儿子说："父亲，我无法送来你给我的那五颗稻粒。我回去后找了块田，等到下大雨时把稻粒种到田里，然后再移植到其他地方，同时把四周围起来，精心管理。当年稻子长势很好，翠绿喜人。当稻子成熟时，我便及时收回，藏到罐子里。第二、第三年也如此。所以您现在要我把它全部弄来，恐怕得要五辆马车去。”

老人听后十分高兴，决定选小儿子为继承人，因为只有小儿子懂得理财之道。

潜能开发

起点相同、机会均等，只有用心去想，用心去做，才能脱颖而出，获得成功，理财也是如此。理财之道最重要的是，要把手中的资源运作起来，使其增值，而不是把它保存起来，保持原值。

知识是随时都可以学到的

费利斯的父亲是一个出身贫苦农家的孩子，他只读到了小学五年级，然后家里就要他退学到工厂做工去了。

从此之后，整个世界便成了他的学校。他对什么都有兴趣，他阅读一切能够得到的书籍、杂志和报纸。他也非常爱听镇上乡亲们的谈话，因为这样可以了解人们世世代代居住的这个偏僻小村以外的世界。父亲真的非常好学，他对外面世界充满了好奇心，所以他远渡重洋来到美国，后来还带来了他的家人。他决心要让他的每一个孩子都受到良好教育。

费利斯的父亲认为，最不可宽恕的是在晚上上床时还像早上醒来时一样无知。他常常对孩子们说：“该学的东西太多了，虽然我们出世时愚昧无知，但只有蠢人才会永远如此。”

于是，为了防止孩子们堕入自满的陷阱，父亲要孩子们每天都必须学一样新的东西，然后在晚餐的时间告诉大家。所以，晚餐时间就成为了他们交换新知识的最佳场合。

当他们每人说一项“新知”之后，便可以去吃饭了。

在吃饭之前，父亲的目光会停在他们当中一人身上。那天，父亲看着费利斯，说："费利斯，告诉我你今天学到些什么。"

"我今天学到是尼泊尔的人口……"

餐桌上顿时鸦雀无声。

"尼泊尔的人口。嗯，好。"

接着，他父亲看看坐在桌子的另一端的母亲。

"孩子他妈，这个答案你知道吗?"

母亲的回答总是会使严肃的气氛变得轻松起来。"尼泊尔?"她说，"我非但不知道尼泊尔的人口有多少，我连它在世界上什么地方也不知道呢!"

当然，这样的回答正中父亲下怀。

"费利斯，"父亲又说，"把地图拿来，我们来告诉你妈妈尼泊尔在哪里。"于是，全家人开始在地图上找尼泊尔。

费利斯当时只是孩子，一点儿也觉察不出这种教育的妙处。他只是迫不及待地想走出屋外，去跟小朋友一起玩游戏。

如今回想起来，他才明白父亲给他的是一种多么生动有力的教育。在不知不觉之中，他们全家人共同学习、一同长进。

费利斯进大学后不久，便决定以教学为终身事业。在求学时期，他曾追随几位全国最著名的教育家学习。最后，他完成大学教育，具备了丰富的理论与技能，但令他感到非常有趣的是，他发现那些教授教导他的，正是父亲早就知道的东西——不断学习的价值。

潜能开发

知识是一种最庞大的东西，没有一个人可以拥有它的全部，就算是一个学识再渊博的人，也只不过是知识冰山的一角而已。但知识却是随时都可以学到的一种东西，在生活中、工作中，甚至是在游玩中。总之，只要我们愿意，我们在任何地方都可以学到知识。

成功来自偶然的策划

二次大战时，罗杰应征入伍，在服役中受伤，入海军医院疗养。在疗养期间，他从事皮革加工以打发时间。罗杰和桃乐丝，他们两个人做梦都没想到这件事竟然决定了他们今后的一生。

二次大战结束后，罗杰返乡，恢复了平民生活。在某一天晚上，桃乐丝的一位朋友到他们家做客。

茶余饭后，这位女士得意地向他们展示新买的手提包说道："这玩意花了我 80 美金。"

罗杰听完之后，便把那只皮包拿过来，翻来覆去地看了几遍之后说："太贵了！这种货色我用 15 美金可以帮助你做出来。"

第二天，为证明自己不是吹牛，罗杰马上出门去买了一套工具和上等牛皮。一回到家，他便立刻跪在地上开始剪裁、缝制，没多久，手提包就完成了。其手工之精致，令桃乐丝看到之后爱不释手！

罗杰看太太高兴，自己也很高兴，在高兴之余，他脑中突然电光一闪，想到既然自己具备皮革加工的技术，又有推销经验，桃乐丝在时装界又有许多熟人，自己何不朝皮革制造业发展呢！

于是他把自己的想法与桃乐丝商量，桃乐丝也觉得这是个好主意，因此两人联手，决心展开行动。就这样一个创业策划形成了。

刚开始时，他们在自己只有三个房间的公寓中制造样品，由桃乐丝设计，罗杰负责制作，两人忙得不亦乐乎！

但他们都知道还有一个最大的问题尚未解决——那就是该如何获得订单，如果没有订单，创意再好也是枉然。

罗杰将样品夹在腋下，不辞劳苦地走遍纽约的大商店，但由于他们年轻，名气又不大，所以不断遭到拒绝。

但罗杰并不气馁，他总是替自己打气，鼓励自己继续寻找机会。

终于，他遇见纽约著名商店"苏克斯"的供应商。这位供应商一看到罗杰带来的样品便十分欣赏，他表示罗杰能做多少，他都愿意购买。

从此以后罗杰他们小小的公寓房间里每晚都大放光明。他们夫妻俩为了应付订单，夜以继日地工作着，皮革与工具散得满地都是，两个孩子穿梭其间，此时，家庭已变成了工厂。那段日子他们的确过得十分艰辛，夫妇俩不但要维持生计，还要照顾两个孩子，异常劳累。

三个月转眼就过去了，他们所收到的订单不断增多。罗杰租下车库上的阁楼，然后和太太两人继续在那儿努力工作。

后来，桃乐丝又设计出一种小孩用的沙袋型手提袋，她的创意被送到“LOOK”这个全国性杂志的编辑部。

某位编辑对她的创意非常感兴趣，并且还以此为主题写了一篇专题报道，也附带介绍了一下罗杰与桃乐丝的奋斗史。

就是因为这篇刊登在全国杂志上的文章，使他们一夜之间声名大噪，产品在极短的时间便卖出100万个。

此后，他们便踏上了平坦大道，纽约和洛杉矶都设有他们的工厂，所雇员工达140名，所制产品向全国主要商店销量。

由于产品畅销，罗杰与桃乐丝赚取了人生中的第一个100万美金。那一年，他们才30出头。

就这样，罗杰和桃乐丝夫妇凭借在海军医院疗养期间学到的技能，并获得某种创意，并把创意进行策划，终于发展成一桩大事业。

潜能开发

一个人想办成一件事，首先要进行策划，以确保在办事过程中，不出现疏忽和漏洞，没有预先策划而莽撞办事的人，其结果只能与自己的目标相反，古往今来，凡是办得好的事，办得成功的事，都是在经过精心周密的策划后才完成的。

开始之前必做的准备

公元1015年，北宋皇宫里意外地着起了大火，大火越着越猛，眼看一座宫殿就化成了一片废墟。

当时的皇帝宋真宗，看着被烧毁的皇宫心忧如焚。当务之急是赶快建立起一座新的宫殿。于是，他把宰相丁谓找来，令他负责皇宫的重建工作。

丁谓做事一向稳重，他做事之前总是先制定周密的计划，然后在有条不紊地完成。这次也不例外，他接受任务后，没有忙着开工。而是先到废墟上去查看。

他看着眼前的废墟，心中为三件事情而感到苦恼：一是盖皇宫要很多泥土，可是京城中空地很少，取土要到郊外去挖，路很远，得花很多的劳力；二是修建皇宫还需要大批建筑材料，都需要从外地运来，而汴河在郊外，离皇宫很远，从码头运到皇宫还得找很多人搬运；三是清理废墟后，很多碎砖破瓦等垃圾运出京城同样很费事。

他忧心忡忡地走在回家的路上，刚巧路过一户农家，丁谓看见有个小姑娘正在煮饭，趁饭还没煮熟，她又缝补起被火烧坏的衣服。丁谓想："她倒真会利用时间呀!"

丁谓受到启发，明白了一个道理，那就是：办事情要想达到高效率，就要时时处处统筹兼顾，巧妙安排好财力、物力、人力和时间。

回到家里以后，他经过周密分析，终于想出了一个好办法：他先让工人们在皇宫前的大街上挖深沟，挖出来的泥土即作施工用的土，这样就不必再到郊外去挖了；这个深沟刚好和汴河相通，于是汴河的河水就涌向深沟之中，这样就解决了建筑用水问题；而汴河与深沟的相通，还可以利用水路，把建筑材料用船只运送到皇宫前。如此一来，一举三得，省了很多的人力和时间。

没到一年，一座崭新的皇家宫殿就建成了。可是，街上的深沟怎么办呢，总不能在皇家宫殿前面有一条深沟啊，丁谓早就想好了解决的办法，他先让人把汴河与深沟相通的连接部位堵住，然后深沟里剩余的水很快就干涸了。这时候，丁谓又让人把那些建筑废料填到了深沟里，就这样，深沟被废石瓦砾等填满以后，上面铺上一层沙土，深沟不见了，取而代之的是一条平坦的马路。

潜能开发

同样的时间，为什么有些人能够做更多的事情？同样的任务，为什么有的人可以更快地完成？答案只有一个，那就是他们善于统筹安排，统筹是一种把单个的事情联系起来看待和处理的方法，是一种在事情开始之前必做的准备。

观察生活的细微之处

铃木有逛商店的习惯。一天，他来到一家服装店。发现那里挂衣服的衣架很不实用，就站在那里，望着衣服和衣架发起呆来。

“先生，您想买大衣？还是西服？”服务小姐走过来，彬彬有礼地说，“请试一试吧，试衣间在那边。”

这是一件高级毛料大衣，标价远远高出铃木平时一年四季所穿衣服价格的总和。铃木当然不会为了装饰自己的外表而委屈自己的肚子。“啊，不……哦，但我可以试一试。”铃木突然想到了什么，他非常想“试一试”那个木头的衣架，而不是那件昂贵的大衣。

服务小姐很热情地把大衣从衣架上取下来，准备给铃木试一试。

“啊，谢谢，我自己来。”铃木接过大衣，随手把那个衣架一同拿进了试衣室。在试衣室里，铃木并没有试穿大衣，倒是一次又一次地给那只衣架“试穿”。他反复地琢磨着衣架的造型和质地，看看哪些地方“不合身”。时间一分钟一分钟地过去，他几乎忘记了自己是位顾客，是一个买大衣的顾客。

服务小姐终于看到铃木从试衣室里出来，她笑脸相迎：“先生，这大衣一定很合身吧？如果您喜欢的话，可以低于标价12%付款。”

铃木这才想到自己是“买大衣的顾客”这样一个事实。他犹豫了一下，终于下定决心用可以买一年四季所有服装的钱去买那件自己并不想买的大衣。并说：“我希望能带走这个衣架！如果，贵店还有其他样式的衣架让我带走的话，我还可以再多付一些钱！”

服务小姐很乐意做这笔生意，她很快就给铃木拿来了3种不同样式的衣架，并声明说，这些衣架是送给铃木做纪念品的。当她把大衣和衣架包装完毕，送铃木出门时说：“我们日本是个喜欢收藏的民族，对于您喜欢收藏衣架的业余爱好我非常赞同，但愿衣架收藏能在日本流行起来。”

铃木回到家里，把那件昂贵的大衣放在一边，又研究起那几只衣架来。他思忖着，作为衣架，应该以不损伤衣服的衬里，同时又不会使衣服的外观变形最为重要，理想的衣架应是能呈现出人体曲线的，如果用塑料代替木材制作衣架的话，一定能够达到效果。于是，他便开始着手研制起新型衣架。不久，他的研究成功了，他把这种新型的塑料衣架定名为“露漫式”衣架，并申请了发明专利。

由于这种衣架具有实用性，质地又好，又美观耐用，一上市就受到许多批发商的欢迎，纷纷慕名赶来向铃木订货。铃木成立了自己的企业，每天生产13000个衣架，仍抵不住频频飞来的订货单。

铃木的大衣仍然挂在衣柜里，他一次也没有穿过。不过，挂大衣的衣架已换成新型的塑料衣架，现在，它是那件大衣的主人。虽然，服务小姐所祝愿的关于“流行衣架收藏热”的现象并没有出现，但铃木的新型衣架却风行了整个日本，并推广到全世界。

潜能开发

并不是所有人的成功都是建立在伟大的发现之上的，相反，大部分人的成功都是从微小的发现开始的。无论你的一个新奇的发现有多么微不足道，都不要放弃，因为它很有可能是你获取成功的一次机会。

猜谜更是猜心

元朝著名画家、诗人王冕（1287～1359）小时候给财主放牛。

年底领工钱时，财主说：“你如果能解答出我的一个问题，就把工钱给你。”

王冕说：“你问吧。”

财主说：“从前有伙穷人在锄地，挖出了一块玉璧。大家叫道：‘是块宝贝呀！我们分了吧。’于是他们就把玉璧砸碎了，一人分到一块。可是他们却不懂，这块价值千金的玉璧一旦砸碎了就分文不值了，结果，这伙穷人仍旧是两手空空。这是个故事谜，猜一个字，你猜吧！”

王冕说：“你讲‘穷人分宝贝还是穷’的意思，这不是‘贫’字吗？”

财主只好把一年工钱付给王冕。

王冕在财主家放牛，受尽折磨。一天，他对财主说：“东家，我说个故事，请你猜一个字。猜出了，我白给你干一年；猜不出，我就要告辞回家了。”

财主说：“行，你讲吧。”

王冕说：“从前，有个财主想出外做生意发大财。他雇了一个伙计，在合同上写明：财主出钱，伙计出力，一年后赚了钱三七开。干了一年果然发了大财。财主为了独吞钱财，当伙计来分利时，财主哭丧着脸说：‘昨天我们分手时，马受惊狂奔过来，把那只装钱的箱子踩扁了。’这样，那些钱全部装进了财主的腰包。你猜猜这是个什么字？”

财主猜不出。

王冕说：“那财主对伙计说：马踩扁了钱箱，马和扁合在一起不就是‘骗’字吗？财主是想骗人嘛。”

财主被王冕借机骂了一通，脸色红一阵、白一阵，但又不好发作，只得结了工钱让王冕回家。

潜能开发

在解谜时，根据设谜者的意图去考虑谜底，往往就容易猜出来，当然，主要还是靠真正的学问。在设谜时，要围绕所要设的谜底去设谜，才会把谜设得巧妙。

建议的价值超过行动的价值

有一户人家盖了新房子，但厨房没有安排好，烧火的土灶烟囱砌得太直，土灶旁边堆着一大堆柴草。

一天，这家主人请客。有位客人看到主人家厨房的这些情况，就对主人说："你家的厨房应该整顿一下。"

主人问道："为什么呢?"

客人说："你家烟囱砌得太直，柴草放得离火太近。你应将烟囱改砌得弯曲一些，柴草也要搬远一些，不然的话，容易发生火灾。"

主人听了，笑了笑，不以为然，没放在心上，不久也就把这事忘到脑后去了。

后来，这家人家果然失了火，左邻右舍立即赶来，有的浇水，有的铺土，有的搬东西，大家一起奋力扑救，大火终于被扑灭，除了将厨房里的东西烧了一小半外，总算没酿成大祸。

为了酬谢大家的全力救助，主人杀牛备酒，办了酒席。席间，主人热情地请被烧伤的人坐在上席，其余的人也按功劳大小依次入座，唯独没有请那个建议改修烟囱、搬走柴草的人。

大家高高兴兴地吃着喝着，忽然有人提醒主人说："要是当初您听了那位客人的劝告，改建烟囱，搬走柴草，就不会造成今天的损失，也用不着杀牛买酒来酬谢大家了。现在，您论功请客，怎么可以忘了那位事先提醒、劝告您的客人呢？难道提出防火的没有功，只有参加救火的人才算有功吗？我看哪，您应该把那位劝您的客人请来，当面致谢并请他坐上席才对呀!"

主人听了，这才恍然大悟，赶忙把那位客人请来，不但说了许多感激的话，还真的请他坐了上席，众人也都拍手称好。

事后，主人新建厨房时，就按那位客人的建议做了，把烟囱砌成弯曲的，柴草也放到安全的地方去了，后来一直没发生过火灾。

潜能开发

无论做什么事情，最好能够考虑周全，如果自己没意识到，最好就听听别人的建议，防患于未然总比出了险情再去补救要好。所以，有些建议的价值远远超过行动的价值。

思维独立就不会盲从

元朝的岳柱很小的时候，不仅喜欢读书，勤奋上进，而且从不盲从，遇到事情总是喜欢思考。

在他8岁的时候，父亲邀请著名画师何澄来家里画画。何澄用几天的功夫，画好了一幅画，取名《陶母剪发画》，挂在中堂。

父亲看了画以后，连声称赞。何澄也得意洋洋。

原来这幅画讲了一个故事：

晋朝大清官陶侃的母亲为人贤德。陶侃小时候家里很穷，陶母总是省吃俭用，教子读书。看到陶侃同别家孩子一起读书、写字，心里就非常高兴。

一天，一位同学骑马来陶家，找陶侃研究学问。快到吃中午饭时，陶侃心中暗暗叫苦：这个时候让同学回去吃饭是不近人情的，可自己家里实在拿不出像样的食物招待客人。怎么办呢？陶侃同母亲悄悄商量着，陶母从房顶上抽下一些茅草喂客人的马，用剪刀剪下自己的一绺长头发，拿到市集上换回米、酒、菜，招待客人。这件事很快传扬开来，人们纷纷赞扬陶母的贤德。

岳柱看了看画，却并不称赞。何澄素来听说岳柱聪明伶俐，就问他觉得这幅画怎么样。

小岳柱说道："这幅画确实不错，只是有一处疏漏，否则就更完美了。"

何澄本来以为岳柱会赞美自己，可没想到却说出这番话来，不禁吃了一惊，忙问其故。

岳柱不慌不忙地说："金钏是不该戴在陶母头上的！先生你想，陶母家里穷得没有钱款待客人，只能剪掉头发换钱买酒，如此贫穷，又哪儿来的金钏呢？如果她有金钏，就可以到市上换钱，哪儿还用得着剪头发呢？”

何澄听完，这才恍然大悟：原来自己只是为了让陶母戴上金钏好看一些，没想到反倒成了画蛇添足，弄巧成拙。

潜能开发

在事实面前人人都是平等的，没有谁是绝对的真理。不盲从，是一种思维独立的表现，也是检验事实的最好办法。

这并不难办到

东汉末年的华佗由于医术高明而闻名于世。据说，他从小就聪明伶俐。关于他拜师学医的故事也广为人知。

在华佗 7 岁的时候，有一天，他到一位姓蔡的医生家去拜师。行过见面礼后，华佗规规矩矩地坐下静听老师的训导。

由于蔡医生医术高明，前来拜师的人很多，他就决定对这些来拜师的学生进行一次考试，看看他们的智力如何，只有合格的学生才能留下。

蔡医生指着家门口的一棵桑树对华佗说：“你看，这棵桑树最鲜嫩的叶子都长在最高枝条上，人是够不着的，你说要想采下这些桑叶来该怎么办呢？”

华佗首先想到的是用梯子。

蔡医生说：“我家没梯子。”

华佗又说：“那我就爬到树上去采。”

蔡医生说不可以爬树。

华佗就在屋里找了根绳子，又在绳上系了一块石头，往那最高的树枝上一抛，那根树枝就被压了下来。华佗一伸手就把桑叶采下来了。

蔡医生对华佗的做法很满意。

过了一会儿，只见庭院里有两只山羊打起了架，几个孩子去拉，可怎么也拉不开。

蔡医生又让华佗想办法把那两只羊拉开。

华佗在桑树下转了一圈，发现树下长着很多鲜嫩的草，于是就弯腰去拔了一把，然后把草送到两只羊的面前。两只山羊见到草，于是也就顾不得打架，都朝草走了过来。

蔡医生对华佗的做法很满意，于是，就决定收他作学生。

华佗在蔡医生精心指点下，后来成了我国古代著名的医生。

潜能开发

有些事情看上去似乎很难办到，其实只要善于利用外界条件，即古人常说的“善假于物”，事情很容易就会得以解决。

草人借箭真人还

公元755年，唐朝节度使安禄山、史思明叛乱，这就是历史上著名的“安史之乱”，他们率领十万叛军攻占了都城长安，唐玄宗逃往成都。

这时候，很多州县见安禄山兵势强大，都纷纷前来投降。雍丘县令令狐潮也投降了安禄山。唐朝将领张巡听说令狐潮投降的消息以后，就率兵去攻打雍丘县城，经过苦战，张巡终于占领了雍丘，可是令狐潮的叛军却又把整座城重重包围了起来。

这天，张巡在雍丘的城头上巡视，他此时心里十分着急，因为现在城中只有千余守卒，而城下却有四万敌军。

血战了两个多月，雍丘城内的守军虽然拼死突围，但是无奈敌众我寡，寡不敌众。而且，这时候，张巡手下士兵的箭也都差不多用完了，没有了武器，如何守城呢？

张巡正在冥思苦想，忽见一个伤兵坐在一个稻草捆上休息，他盯着稻草看了一阵，忽然有了主意。

这天晚上，叛将令狐潮睡得正熟，忽然一个士兵跑过来报告说：“雍丘城头上有情况!”

令狐潮披衣而起，借着月光向城头望去。果然隐隐约约见静悄悄的城墙上，有无数身穿黑衣的士兵从城头上沿着绳索滑下城墙。“张巡想来袭营!”令狐潮判断道，于是下令弓箭手对准黑影，万箭齐发。射了好久好久，黑影终于全掉到了地上，令狐潮正要命令停止射箭，却见那黑影又起身纷纷往上爬，令狐潮忙又命令弓箭手继续给他们一顿乱箭。这样一直折腾到天蒙蒙亮。令狐潮这才看清，吊上城头的“士兵”原来是身穿黑衣的稻草人。

原来，这些黑衣草人都是张巡命人做的，他那天看到稻草，就想到了诸葛亮当年的草船借箭，心想，现在正是缺少箭的时候，何不来个“草人借箭”呢?于是就做了草人，并套上黑衣，用绳子吊在城墙上，夜色中，看上去就像是一个个士兵在爬墙一样。令狐潮不知是计，就命人放箭，结果反倒白白送给了张巡几十万支箭，帮助张巡解决了箭短缺的难题。

这件事情过去没几天，又是一天夜里，张巡把500名勇士送下城去。令狐潮的士兵看到了，以为又是“草人”，因此不再去报告令狐潮。

那500名勇士下得城后，悄悄地摸到敌营，突然袭击敌人。这时候，令狐潮的士兵还在熟睡，根本没想到会有张巡的人来偷袭，结果军营顿时大乱。500名勇士趁敌人忙乱之际，奋力拼杀，杀死敌人无数。

令狐潮率领残兵败将仓皇而逃。雍丘之围就这样被解除了。

潜能开发

人们一旦被骗，就会不再轻易相信，即使是面对真实，也会心有顾虑，有所怀疑。故事中的张巡利用这点，赢得了战争的胜利；但生活中的你，一定记得，不要轻易欺骗别人。

大作家如何一举成名

我们知道，毛姆是英国著名作家，写下了《人性的枷锁》等著名长篇小说，他的短篇小说在世界上也非常具有影响力。

可谁知道，这位大作家在成名之前，生活却十分艰难，常常饿着肚子写作。

有一天，快到山穷水尽地步的毛姆来到一家报社广告部，找到主任后，结结巴巴地说："先生，请帮我一把吧，我要推销我的小说。想来想去，只能求助于报社刊登广告了。还请您帮忙，在各大报纸上都刊登。"

"各大报纸？"广告部主任瞪大了眼睛，"毛姆先生，你有钱来登广告吗？"

"有，这个广告刊登后，我的书肯定会畅销一空的，你肯先帮我垫付吗？到时加倍还您。"毛姆自信地说。

面对主任一脸的迷惘，毛姆递上了自己拟好的广告词。主任飞速地看完，立刻一拍桌子："好，这主意棒极了，我帮你！"

第二天，各大报纸同时登出了这则令人注目的征婚启事："本人喜欢音乐和运动，是个年轻而有教养的百万富翁，希望能和毛姆小说中的主角完全一样的女性结婚。"

女性读者们看到这则广告，马上飞奔到书店，抢购毛姆的小说，回到家后，更是闭门苦读，让自己向小说中的女性靠拢。

男性读者不甘落后，也争相抢购，他们的目的是研究女性心理，然后对症下药，以防范自己的女友投进了富翁的怀抱。

在短短的几天时间里，毛姆的小说就被抢购一空，毛姆一举成名。当然，他的生活处境也出现了巨大的转机。

潜能开发

推陈出新是一种创新能力。一个人越有创新能力，他的观点和想法就越多，他成功的可能性就越大。要想使自己的处境出现转机，最好的办法就是做到推陈出新。

借助第三方的力量

楚襄王当初做太子时，曾经被留在齐国当人质，后来他答应以割让楚国东边土地500里给齐国作为条件，才得以回到楚国。现在楚襄王刚刚即位，齐王就派使者率50乘兵车赶到楚国，要求楚襄王兑现。

楚襄王一时不知如何是好，命人安顿好齐使后，就急忙请来了当初劝他献地脱身的太傅慎到，问他该怎么办。

慎到是楚国有名的学者，被人们尊称为慎子。此刻，听到楚襄王向自己讨主意，说："大王可明天召见众大臣，让他们各献妙计。"

第二天，楚襄王召集群臣商讨对策，群臣各抒己见：

上柱国子良主张割东地给齐国，"身为一国之君，金口玉言，一旦不讲信义，将被天下诸侯讥笑。"接着他又说道，"我们割地给齐，显示了您是一个守信的君主；之后，再率兵夺回土地，这样又显示了您武力的强大。天下人也就没什么可说的了。"

昭常认为东地500里不能割让给齐国，因为"割去它，楚国将失半壁江山"。

景鲤仔细想了想说："地要给，否则将失信于天下。楚国难抵齐国强兵，臣愿代大王赴秦国凭三寸不烂之舌搬来救兵！"

大臣们的话各有道理，楚襄王觉得很为难。

这时候慎子对襄王说："大王您不必为难，子良、昭常、景鲤各有见地，您可以全部采用。"

襄王不解。慎子笑着伸出三根手指，说："大王发给上柱国子良50乘，命他前往齐国，说楚国愿意把东地500里给齐；在子良启程的第二天，派遣昭常为大司马，令他去镇守东地；在派遣昭常的第二天，再派遣景鲤率车50乘，去西边向秦国求救。如此连环三计，我保证您不用动一兵一卒，就可以完好无损地保住500里东地。"

子良奔赴齐国说明来意，齐王大喜，急遣使者率兵前去接受东地。

昭常奉命去镇守东地，不敢有丝毫疏忽。看见子良带着齐军来要地，非常气愤，怒斥了子良一顿。

子良不知，以为昭常是假托王命自作主张，因此建议齐兵攻城。齐王一声令下，浩浩荡荡的齐国军队直扑东地，杀声震天。

就在齐军刚要攻入楚国边界时，50 万秦国大军却已铁桶般地围住了齐国西边疆域。秦国领兵将军大声怒斥道：“齐王阻拦楚太子返楚已不仁在先，又要夺楚 500 里国土，更是不义之举。齐兵欲行非礼，秦国 50 万大军愿替天下诸侯主持公道，与齐军抗衡到底。”

齐王听说秦军已经赶到，惊恐万分，忙请子良火速回禀楚襄王：齐国再也不要楚国 500 里东地了。

楚襄手听了前方传来的捷报后，一直悬着的心终于放下来了，在心里佩服慎子用兵有方。

潜能开发

当陷入进退两难的境地时，借助第三方的力量往往会使问题得到顺利解决。

分析细节发现真相

有些事情并不像清水那样让人一眼看到底，如果你想知道事情到底是怎样的，就需要你的判断。在这种时候，任何一个细节都可以帮助你。

事情不像表面那么简单

魏国同赵国联合攻打韩国，韩国危急，急忙向齐国寻求帮助。齐威王派田忌为大将军，孙膑为军师，命令他们率兵前往救韩。

田忌由于13年前用“围魏救赵”的办法，大获全胜，因此这次打算故伎重施。当上千辆兵车驰出齐国国境时，田忌指挥齐军急速直指魏都大梁，孙膑却让田忌叫大军早早安营扎塞。

田忌不解，问：“军师，兵贵神速，怎么能早早安营休息呢？”

孙膑解释道：“现在战争才刚刚开始，如果我们急忙出兵相助，实际上就是我们代替韩国承受魏军最初的打击，我们所受的损失必然会很大，这样一来，不是我们指挥调度韩军，反而是听任韩军的指挥调度，所以说马上去奔袭魏都大梁是不合适的。只有当魏、韩这两虎争斗一番以后，我们再发兵袭击大梁，攻击疲惫不堪的魏军，挽救危难之中的韩国，这样对我们才更有利。”

田忌觉得有道理，于是就命令齐军每天都早早安营扎塞。结果，在路上磨蹭了一个多月，才向大梁发起攻击。

魏王见都城告急，一面派太子申为上将军，与庞涓合兵10万，抵抗齐军，一面急忙命令庞涓从韩国回兵救魏。

孙膑知道庞涓的部队将到，又向田忌献上“减灶诱敌”的妙计。

魏、齐两军刚刚相遇，还没交锋，孙膑就下令部队撤退。庞涓追到齐军驻地，只见地上满是挖掘煮饭用的灶坑，连忙叫士兵去清点，根据灶头的个数庞涓估计齐军有 10 万之众。

齐军一连二天不断撤退，庞涓每追到齐军驻地，就派人去数地面上留下的灶坑。第二天发现齐军留下的灶坑数目只够 5 万人煮饭了；第三天，减少到只够 3 万人煮饭了。

庞涓得意地想：我早就知道齐军胆小怕死，进入我国境内才三天，兵士就逃走了大半。由于求胜心切，他便命令军队抛下步兵辎重，只带轻装前进，昼夜兼程，紧紧追赶齐军。

这一天，齐军退到马陵道。孙膑见这里地形险要：路狭道窄，两旁又多险阻，易守难攻，很适宜设兵埋伏。计算了庞涓的行程以后，估计他将在黄昏时可以赶到这里，就命令士兵砍下一些树木堵塞去路，又选了一棵大树，在那大树面对路的树干上砍去一大块皮，让它露出一大片光滑洁白的树身，然后在上面写上一行黑字。接着，孙膑命令一万名弓箭手夹道埋伏，对他们说：“等到魏军来到，大树底下有人点火，就万箭齐发。”

到了傍晚时分，庞涓果然领兵追到马陵道。由于路面上有树木阻拦，庞涓只得命令士兵把树挪走，这时，一个士兵发现了路旁大树上有字，忙向庞涓报告。庞涓点亮火把，近前一看，只见上面写着“庞涓死于此树下”几个大字。庞涓不由得大惊，知道中了齐军的埋伏。

这时，只见无数支箭如雨点般从两侧飞来，魏军来不及躲闪，死伤无数，庞涓自知无法脱身，只得拔剑自杀。齐军大获全胜。

潜能开发

事情往往不像表面看上去那样简单，有些时候你看到的也许正是敌人精心设计的假象。所以，一定要擦亮你的眼睛，不要被假象所迷惑。

到底是谁的儿子

在北魏宣武帝延昌年间，寿春县有一个叫荀泰的农民，他有一个儿子，一家三口，日子虽不宽裕，但也舒心。

谁知就在儿子长到3岁的时候，遇到兵乱，在一家人逃难的过程中，不小心把儿子丢失在了路上，几年不知下落，夫妻俩整日忧愁。

时间一晃过去好几年了，一次偶然的机会，荀泰到城里集市去买东西，却意外地看见自己的儿子在同县一个叫赵奉伯的家中。荀泰来到赵家索要儿子，可赵家说什么也不承认。加上儿子丢失的时候只有3岁，哪里记得自己的亲生父亲呢，所以，儿子也不愿意认荀泰。

荀泰无奈，便告到县府，希望官府判还他儿子。县令派人把荀泰和赵奉伯传到衙门审问，两人都说是自己的孩子，而且都找了各自的乡邻作证。县令实在无法判决，只得上报。

扬州刺史李崇接办这件案子以后，他先听了事情的经过，然后想了想，觉得这个案子并不难办。他让荀、赵两家与孩子分开住，并且未经同意，不得私自来往。

几个月过去了，有一天，官府派人到荀、赵两家说："孩子得了急病，难以救治，已经死了。刺史有令，你们家中可派人去看望，并出钱料理后事。"

听到儿子死去的消息以后，荀泰立刻开始号啕大哭起来，一副悲痛难忍的样子；而赵奉伯听到这个消息之后，只是叹息几声，并没有悲痛异常的表现。差役仔细观察两人的举动，然后回来禀报李崇。

其实，那个孩子并没有死，李崇只是想用这个办法来试探到底谁才是孩子的亲生父亲。听了差役的描述以后，李崇当即把孩子判还给了荀泰，并追究赵奉伯的罪责。

原来赵奉伯的亲生儿子在很小的时候就病死了，当年兵乱，赵奉伯就趁慌乱之中，偷偷抱走了荀泰的儿子，并声称是自己的儿子。现在事情真相大白，赵奉伯只得把儿子还给荀泰了。

潜能开发

有福同享很容易，但是要做到有难同当却很难，因此，只有在最艰难的时刻，才能考验出人的真心。

谁动了公主的珍珠

武则天在位的时候，有一天，太平公主一直珍藏的两大盒珍珠突然不翼而飞了。公主的东西竟然也有人敢偷，武则天大发雷霆，责令洛阳长史，务必在3日内破案。

长史领命以后，赶紧让县官去破案，县官立即派捕役们去捉贼。

捕役四出查访，却毫无线索。就在他们回衙门的路上，遇见了湖州别驾苏无名，苏无名以善于破各种疑难要案而出名。捕役赶紧把他请到县衙门，请他帮助破案。苏无名很干脆地答应了。

苏无名吩咐捕役们说："你们这几天分头到城门去等候，如果有身穿孝服的胡人出城向北邙山走去，就赶紧来报告我。"

捕役不敢有所怠慢，每天去城门等候，直到清明节那天，捕役们果然见十几个胡人去北邙山扫墓。在一座新坟边摆下祭物，点上香烛，烧化纸钱，接着跪在墓前大哭了起来。隐藏在树丛中的捕役们一直在观察动静，只听这几个胡人哭得一点儿也不悲伤。他们祭奠完毕后，围着坟墓绕了一圈，竟然笑了起来。捕役们立刻把这一情况报告苏无名。

苏无名高兴地说："他们就是偷公主珍宝的贼！"于是，就命令捕役们将那群胡人抓了起来，掘墓开棺一看，太平公主的宝物果然全在棺材中。

武则天听说苏无名找回了公主的珍珠，很高兴，立即召见苏无名，并且重重地奖赏了他。

原来，苏无名能够这么快捉到贼靠的就是仔细观察。在他来都城的那天，刚巧遇着十几个胡人抬着一口棺材出葬，苏无名见他们的神态有点反常，就怀疑他们是盗贼，棺材里可能是赃物。

后来，苏无名又听说太平公主丢失了珍珠，于是就想到了那几个胡人。但是，他又不知道他们把棺材埋在什么地方。后来，他想到清明节是扫墓的日子，这伙盗贼一定会趁机分赃。于是，他就派人在城门外等候。结果，果然找到了那几个胡人，又见他们哭得异常，因此，就断定是他们偷了公主的珍珠。结果，人赃俱获，找回了丢失的珍珠。

潜能开发

有人说“细节决定成败”，这其实是很有道理的，细节由于它的细小而常常被人忽略，可它却能够反映出很多最真实的东西，对细节的适当把握和利用常会让你有意外的收获。

马贼的自言自语

在北魏孝明帝孝昌年间，河阴县的马市生意兴隆，热闹非常。

这一天，恰逢赶集的日子，马市上人来人往，熙熙攘攘。

这时候，只见有个红脸汉子在马市上走来走去，穿梭于人群之中，他突然走到一匹马前，这是一匹枣红马，十分剽悍雄壮，众人均赞叹此乃好马，只因卖马老者开价太高而无人问津。

那个红脸壮汉似乎有意买马，他走上前去，仔细地打量着马，然后又问了问老者价钱。老者见有热心买主，自然高兴，可他又担心买主会被高价吓退，便道：“这是一匹蒙古马，它能够日行千里，我也是迫于无奈才要卖掉它的，只是不知道你是否能够买得起？”

那红脸汉子一脸认真地说：“只要是马好，多高的价钱我都买得起。”老者很是高兴，便开了价钱。红脸汉子也不还价，说：“这匹马我买定了，只是我要先骑它去溜一溜。如果如你说的那样好，我回来便付钱。”老者担心他骑走了马不回来了，因此犹豫了一下。

那红脸汉子明白老者的意思，笑着拍了拍肩上的钱褡，只听里面发出银钱声响，示意钱有的是。老汉说：“那你先留钱袋再遛马。”红脸汉子答应了。

可是，红脸汉子走了约半个时辰，还不见回来，那老者急了，急忙打开钱袋点钱。谁知打开一看，里面竟是些石头瓦片。老者知道上了当，便直奔县衙门向河阴县令高谦之报案。

高县令听后心生一计，吩咐衙役从牢中提出一名在押罪犯，带上枷锁，押到马市中，当众宣布："刚才行骗买马的贼，现已被捕获。为了马市的安宁，当场处刑！"高县令在此同时，暗中派了不少衙役在人群中偷听人们的议论。

结果，果然不出高县令所料，一个衙役听到身旁有个黑脸汉子高兴地说："今天运气真是好，竟然碰到这么凑巧的事情，这下就再不用担心了。"那衙役闻声发出暗号，四处围上数名便衣差人，上前将那黑脸汉子擒住。

黑脸汉子被带到公堂上以后，高县令传讯卖马老者上堂辨认，老者一眼就认出了这黑脸汉子就是刚才的买马骗子。买马骗子见抵赖不过，只得如实招供，并且还说出了一些同伙。高县令据此，派人抓捕了专门靠买马行骗的同伙。河阴县的马市秩序也因此得以好转。

潜能开发

天下没有那么多的巧合，当你以为是好运降临的时候，没准大难已经临头了，因此，不要轻信"天空会掉下来馅饼"，因为那常常不是午餐而是陷阱。

哭声不同

子产是春秋时期的名相。有一天，他带着随从在街上闲走，忽然听见一阵哭声，仔细一听，发现哭声是从一户人家中传出的。

这是一个女人的哭声，哭声中隐约有一丝恐惧。等到子产走到近处时，哭声越来越显得胆战心惊，声声都敲击着子产的心扉。

他便对随从说："这妇人一定有亲人快要死了，你们快去看看。"

随从奉命前往那户人家察看，见一男子直僵僵地躺在床板上，一个女子正在痛哭。询问之后，知道那女人是死者的妻子。

子产听了随从的报告后，觉得有几分奇怪，问道："果真是那女人的丈夫死了？"

"已死了有一个时辰的光景。"随从回答说。

"这就不近情理了。"子产立即面露怒色说。

看见子产发怒，随从很不解，忙问原因："丈夫死了，妻子当然要哭，有何不合情理之处？"

子产没有直接回答随从的问题，只是对随从说："快去叫仵作来验尸，那男子死得蹊跷！"

随从虽然不解子产之意，然而还是按照子产的意思办了。不一会，仵作就去那户人家验尸体。

在回来的路上，子产对随从解释说："按照人的常情常理，亲人生病，人们会忧愁；亲人快要死了，人们会很恐惧；亲人死去了，人们会哀痛。我听了那妇人的哭声中有恐惧，以为她的亲人即将死亡，谁知她丈夫已死了一个多时辰，那她为何要发出恐惧的哭声呢？"

随从听了子产的话，觉得确实有道理。

"她听到我们的脚步声，哭声中的恐惧更甚了，这又说明什么呢？"子产继续说道。

随从这才恍然大悟："我明白了，那男子是她害死的。她杀死丈夫，担心被外人发现，为了遮盖其杀人真相，假装伤心痛苦。但哭声中不免流露出恐惧来，听到我们的脚步声，恐惧越加深重了。"

不一会儿，验尸结果出来了：男子是被人杀死的。并且在女子家中找到了行凶的刀子和血染的衣服。在证据面前，女子只得供认她丈夫是在熟睡时被她用刀子捅死。只是她还不知道，她以为自己做得天衣无缝，却在哭声中露出了破绽。

潜能开发

有人说"细节决定成败"，因为很多奥妙就隐藏在细节当中，而细节又是最容易被人忽视的，所以成功的人永远是少数。

旁敲侧击往往事半功倍

罗际是晋朝人，他在任吴县县令时，曾经用一纸布告就轻而易举地破获了一起盗马案。

事情是这样的：

有一天，衙门里来了一个老人，老人说他的马昨夜被盗了。这匹马是老人家里唯一值钱的东西，因此老人很着急。

罗际见老人急得满头大汗，就问："你的马长什么样子？"老人重重地叹了口气，回答道："唉，都怪我不小心，才让偷马贼钻了空子。我的那匹马确实是匹好马，4 岁，个大脊宽，四蹄雪白，身上红得像火炭一样，跑得飞快。"

罗际又问他夜间听到什么动静。老人略一思忖，说："半夜时分，听到一群马叫了一阵，听声音是马贩子赶着马从村上经过。"

罗际问完，安慰老人说："你回去吧，马很快就会找到的。"

老人半信半疑，离开亻县衙。

第二天，罗际没有派人去找马贩子的踪迹，而是叫人在城门口贴出布告，写道："本知县奉朝廷之命，出白银千两，买一匹个大脊宽、毛如红炭的 4 岁的大马，望养此马者，速送县衙。"

很多百姓看了布告后，都摇摇头走开了，因为，虽然赏金很高，可是家里却都没有这样的好马。

不到半天功夫，全城的百姓都知道了县令要高价买马的事情。一些大户人家虽然也养了几匹好马，但是都与布告上的要求不相符。

布告贴出没多久，有个马贩子牵着一匹马来到了府衙，这马与布告上所说的一模一样。罗际心想这个人一定就是偷了老人马的人，于是他一边推说去取银两，稳住马贩子，一边叫那老人前来相认。

老人一见了这匹马，就认出确实是自己前几日丢的那匹，于是，点头向罗际示意，罗际的脸顿时变色，呵斥马贩子说出马的来历，马贩子见事情败露，这才知道自己中了圈套，于是只得承认偷马一事。

潜能开发

解决问题并不一定总是从问题本身入手，旁敲侧击，也许会让你事半功倍。

羊皮“说话”

南北朝时期，李惠任北魏的雍州太守。有一天，他根据一张羊皮就断了一桩案子，百姓无不称他足智多谋。

事情的缘起是这样的：有个盐贩子背着一口袋盐到雍州城去卖，半路上遇到一个卖柴的樵夫。走了一段路，他们就一起在一棵大树下休息。当他们站起来准备继续赶路时，却为铺在地上的一张羊皮争执了起来。他们都说羊皮是自己的，最后竟开始大打出手。过路的人见状，急忙把他们拉开。两人仍然互不相让，于是就到太守李惠那里去告状。

太守李惠听他们把事情的前因后果讲一遍。只见他们都说羊皮是自己的。

背盐的说：“这羊皮是我的，我带着它走南闯北贩盐，用了5年了。”

樵夫也说道：“这羊皮明明是我的，我进山砍柴时总要披着它取暖，背柴的时候总拿它垫在肩上。”

李惠听他们说完，心中早有了主意。于是，对两人说：“你们先到前庭去休息一下，一会儿就会有结果的。”两人退下大堂后，李惠问左右差役：“如果拷打这张羊皮，能问出它的主人是谁吗？”左右都觉得很奇怪，心想：羊皮又不会说话，怎么可能说出主人是谁呢？于是，都在心中暗笑却不回答。

李惠知道左右不相信，但也不理会，只是吩咐左右道："把羊皮放在席子上，打它 40 大板！"左右虽然觉得可笑，但也不敢违抗，打了羊皮 40 大板。

羊皮被打过之后，李惠上前拎起羊皮看了看，说："它果真吃不住打，说出了主人是谁。"接着又命人把盐贩子和樵夫传了上来。

盐贩子和砍柴的上堂后，李惠说："刚才我拷问了羊皮，它已经招供了，说卖盐的是它的主人。"

樵夫心想：羊皮怎么可能招供呢？这一定是李惠故意试探我。于是抵赖说："大人，这羊皮明明是我的，再说羊皮怎么能说话招供？"

李惠见樵夫不服气，指着散落在席上的盐屑说："羊皮如果是你的，你整日上山砍柴，羊皮上怎么会有这么多的盐屑呢？"

樵夫无言以对，只得如实承认。

潜能开发

你希望自己的身上留下怎样的痕迹，就去接近能够给你留下这样痕迹的人吧。

狗不咬熟人

唐朝的王之涣不仅是著名的诗人，还是一个断案如神的清官。

王之涣在文安县任上时，曾经发生过这样一件事情：有户人家，男主人常年在外做生意，家中只有姑嫂两人，相依为命，嫂嫂能干体贴，姑娘温柔漂亮，日子虽不算富裕，但却过得很安稳。可没想到，在一天夜里，姑娘突然惨死在房中。嫂嫂发现后，立即呈报县衙。

王之涣盘问那嫂子道："你是怎样发现你小姑的死的？"

"晚上，我正在磨房推磨，忽听小姑惨叫救命声，我就立即跑过去看发生了什么事情，我只在院内看见一个人影，因为天黑，看不清长相，只见他光着上身，我上前抓他，谁知他身强力壮，脊梁又光滑，被他脱身逃走了。”嫂子回答说。

王之涣又问：“你们两个年轻女子在家，难道平素不作防备吗？”

“我们养了一只黄狗，但不知为什么，那天晚上狗却没有叫。”

王之涣听闻大怒：“狗竟然不为主人效力，我一定要好好教训它一顿！”

第二天，正值庙会，王之涣决定在庙会上当众“审问”那只狗。

赶庙会的附近村民听说了这件事情以后，都来看王之涣审狗，人越聚越多，整个庙宇都挤满了。

此时王之涣吩咐差役把庙门关紧，他把孩子、老人、妇女分批地赶出门外，只留下百来个青壮年男子，这些人你看我望，不知王之涣要干什么。

这时候，王之涣命令这些男子把上衣脱掉。

王之涣一个个验看那些男子的背脊，其中有一男子脊梁上有两道红印，王之涣便问道：“你叫什么名字？”

他回答说：“阿狗。”

王之涣又问：“你认识死者吗？”

“不……”阿狗支支吾吾，刚要说不认识，但随即又改口说：“我与她们是街坊邻居，当然认识。”

王之涣断定阿狗就是杀人凶手，于是，当即命令差役将他拿下。

经过审问，阿狗果然承认了强奸姑娘、进而将姑娘杀死的罪行。

原来，王之涣听了死者嫂子的描述，断定这是一起强奸杀人案。因此，判断出凶手一定是青壮年男子，因此，首先排除了庙会中的妇女、老人和孩子。后来，又想到案发当晚，死者家的狗不曾叫过，说明凶手是死者的熟人。在庙会上，王之涣说是要审讯那只狗，其实是想看看哪些人是它所熟悉而不咬的。由于死者嫂嫂曾经遇见凶手，并且在凶手的脊梁上抓过一把，因此留下了抓痕，综合这些，王之涣就断定了阿狗就是杀死姑娘的凶手。

潜能开发

貌似很离奇的事情，只要抓住各线索之间的关联，并作为一个整体来考虑，你就会发现一切都变得容易起来。

不翼而飞的黄金

李勉在镇守凤翔的时候，曾经遇到一件很奇怪的事情，险些吃了官司，后来幸亏有贵人相助，才得以化险为夷。

事情是这样的：李勉所管辖的县里有个农民在田里挖沟排水时，掘出一只陶罐，里面全是“马蹄金”。老农民觉得这些黄金可能有些来历，因此不敢私自留下，就请了两个大力士，把陶罐连同金子一起扛到县衙门。县令李勉担心衙门收藏不严，就把陶罐藏在自己家里。

第二天天刚一亮，李勉想把马蹄金看个仔细，便点灯打开陶罐，可一打开，发现陶罐里放的都是坚硬的黄土块，他知道自己上了当，可又不知如何是好，他想自己就算卖掉所有的家财也赔不起这么多钱啊！他更没有法子隐瞒这件事情，因为陶罐从田里挖出来，全村的男男女女老老少少都看见，陶罐里装的确实是马蹄金。

没过几天，全县的人都知道马蹄金在县令家里变成了土块，他们都认为是县令暗中做了手脚，贪污了金子，然后为了掩人耳目，故意制造这样的谣言。

县令李勉也是哑巴吃黄连有口难辩。

这件事情传到州里，州里于是派官员来调查。李勉实话实说，可是，太守根本不相信他的话，只是一味追问他把金子藏在了什么地方。李勉根本就没有私藏金子，叫他如何回答呢？太守为此大发雷霆，但因为没有证据，因此对李勉也是束手无策。

隔了数日，在一次酒宴上，李勉向官员们谈起此事，许多人很惊讶，这时，有位名叫袁滋的小官，坐着一语不发，若有所思。李勉便问他在想什么。

袁滋说：“我怀疑这件事或许内有冤情。”

李勉站起身，向前走几步问：“您高见，我李勉就全靠你替我洗刷冤情了。”袁滋满口答应了。于是派人把案件提到州府办理。

这是一件棘手的案子，很多官员都不愿意办，他们听说袁滋办理此案，都暗中嘲笑。可袁滋全不理会，他自有主意。

袁滋打开陶罐，见陶罐里有形状像“马蹄金”的土坯250余块，就派人到市场找了许多金子，镕铸成块，与罐中的“马蹄金”大小相等，铸成之后用秤称，刚称了一半，就有300斤重。袁滋又问众人，当初罐子从乡间运到县衙门是几人抬的。别人告诉他说是两个村民用扁担抬来的。他又计算了一下这些金块应该有的重量，计算的结果是：这么重的金块两个人用竹扁担根本抬不起来。所以说，这些金块不是在李勉家中丢失的，而是在搬运的路上就被偷换了的。

袁滋于是派人把那两个抬马蹄金到李勉家中的人找来，经过审问，他们终于承认在路上他们用土块调换了马蹄金。现在一切都真相大白了，两个偷换金子的人受到了应有的惩罚，县令李勉的冤情也得到了洗刷。

潜能开发

人们在遇到困难的时候，第一反应往往是着急，可是，他们忘记了，着急不但不能解决问题，反而会让人失去基本的判断和分析能力。

鹿死谁手

在曹操的儿子中间，曹植宽厚仁慈，能言善赋，深得曹操的喜爱。

有一年中秋，曹植和曹操的五位宠将同父亲出门狩猎。正值中秋，秋高气爽，衰草如盖，满山红遍，北方的狩猎场呈现出一派雄浑壮丽的景象。曹操见眼前情景，喜不自胜，一声令下，随行的士兵手持长矛，聒噪叫嚷，一只梅花鹿听到嘈杂声，从树丛里跑了出来，惊悸地在空旷的猎场上狂跑。于是，众将军张弩搭箭，纵马追逐。

不一会儿工夫，随着梅花鹿的几声惨叫，就倒在了血泊之中。曹操驱马赶来，见只有一支箭直穿梅花鹿的喉咙，将它毙命，其余四支箭全部落空。曹操当即决定重赏射中的将军，并封其为“神射手”。

随行兵士从梅花鹿喉咙上拔下箭杆，呈给了曹操。曹操仔细看了看箭杆上刻的姓名，微微点头。大家都想知道到底是谁射中了梅花鹿，可是曹操却不语。曹操想：眼下正是用人之时，吞吴、蜀，包举宇内，非但要有冲锋陷阵、骁勇善战的强将勇士，更需要有运筹帷幄、决胜千里的谋士贤臣。何不趁此机会考考曹植和众将军的智谋呢？

想到这，曹操问道："刚才五箭并发，但却只有一个将军射中了鹿喉，你们能否猜出这一箭是谁射中的？"

赵将军说："是孙将军射中的。"

钱将军说："不应该是孙将军射中的。"

孙将军说："是我射中的！"

郑将军说，"总之孙将军和我都没有射中。"

王将军说："是孙将军和郑将军中的一个人射中的。"

大家说法不一，众将军也是抓耳挠腮。曹操笑着又说："他们当中只有三个人猜中了，其中有王将军，诸位将军，现在应该知道是谁了吧。"

这时曹植镇静自若地说："这个神射手，就是孙将军。"

曹操点头。当即封孙将军为神射手，并赏金1000两。

孙将军连忙叩首谢封。

曹操见众将军仍然不解，就令曹植解释。

曹植从容地说道："既然刚才父说王将军的说法是对的，而王将军说的'或是孙将军或是郑将军'，那么，先假设是郑将军射中的，五人说法中，赵将军、钱将军、郑将军、孙将军都错了，只有王将军说对，那四错一对，这不符合父王所说的条件，显然这个假设是错的，那肯定不是郑将军射中的。既然郑将军、孙将军二人中有一人射中，郑将军已排除，当然非孙将军莫属了。"

大家听完曹植的解释，才恍然大悟，都不禁佩服曹植果然才智过人，是难得的栋梁之材。曹操微笑着点头，心里对曹植又多了一分喜爱。

潜能开发

在事情没有定论的时候，不妨作一些假设、沿着假设走下去，也许就会找到问题的答案，有点像顺藤摸瓜。

尸体上的稻草

东汉的周纡在任县官时，执法严明，不畏权势，深得百姓拥戴，但也因此得罪了不少官吏。

一天早晨，有人来报：府衙附近一座寺院的门上挂着一具尸体，且手脚全无。周纡大惊，他治理此地数年，境内太平无事，连偷盗现象都很少见，今日却突然出了杀人大案。

周纡赶到寺院，那里早已经围了不少看热闹的百姓，大家议论纷纷。周纡走上前去，只见一具血肉模糊的尸体挂在门上，手脚被砍。站在尸体旁仔细观察后，发现尸体的身上并无多少血迹，手脚似乎是死后被砍掉的样子。

周纡心中早有了主意，便走到尸体旁边，装作与死尸谈话的样子，不时点头。众人见状，觉得奇怪。半晌，周纡才命兵卒将尸体搬走，又对一个兵卒耳语了一番。

回到衙门，周纡便将众官吏叫来，严肃地说："本官来此地多年，从来没有发生过如此严重的凶杀案。刚才我已经问过死者，案情已基本掌握，马上可破。请各位稍等片刻便可知道真相。"

众官吏不知道他葫芦里卖的什么药，只在心里纳闷儿。

不多时，外面跑进来一个兵卒，悄悄在周纡耳旁说了几句。周纡点点头说道："此案已经水落石出，廷掾便是凶手。"

廷掾起初还不承认。见周纡一脸正色，只得承认。原来这完全是一场恶作剧：廷掾本来以前在衙门内油水很足，可周纡上任后为官清廉，于是便无油水可捞，他对此耿耿于怀，想找机会煞一煞周纡的威风。那天他晚上回城，见荒丘上有个新葬坟墓被盗墓者掘开，尸体抛于荒野，被盗墓者砸得面目全非。他心生歹意，将尸体装入随身所带装稻子的空口袋，尸体太大无法装进，便取刀将手脚砍去。进城后，悄悄将尸体挂在衙门近处的寺院门上，制造凶杀样子，本想煞一煞周纡的威风，没想到却被周纡识破。

原来，周纡观察尸体后，发现尸体血迹很少，知道一定不是刚刚被杀死；又发现身上有稻芒，而且砍痕也有些异样。就派人到守城门的士兵处询问昨夜谁背口袋进城。守城门的士兵说只有廷掾。于是，周纡就知道恶作剧的人是廷掾了。

潜能开发

看似天衣无缝，其中总有破绽，细心的人一眼看破天机，而粗心的人不明所以，还怪自己肉眼凡胎。其实，只要多一些细心和留意，一切奥秘都会自然揭开。

从生活中学习种种智慧

智慧大部分还是后天训练出来的。和语言的能力一样，训练青少年的智慧，要从生活中观察事物、分析事物开始，当他们和别人有不同的发现、看法和做法的时候，就要表达出来，做出来。

榜样具有无穷的力量

故事发生在一个居民住宅楼里。

大家都把垃圾倒在巷口的那块空地上，日子长了，便弄得满地狼藉。后来，环卫部门根据居民的建议，在这里建了个垃圾箱。从此，这里的卫生状况就有了好转。可是时间一长，问题就来了，垃圾箱周围又散乱地堆起了肮物，到了夏天，蚊蝇成群，臭气扑鼻，令人十分不快。只因有人倒垃圾的时候少往前跨了几步，你离三步倒过去，随风飘飞，他离五步撒出去，天女散花。半天不到，脏物便延伸到了路中心，行人虽然牢骚满腹，也只好踮起脚尖屏住呼吸快步通过。

终于有一天，墙上出现了一行字：请上前几步倒垃圾！措辞很和善。可是没用，乱倒垃圾的现象依旧。

一天，人们发现墙上的字改了：禁止乱倒垃圾！态度比较严肃了，语气是命令式的。可是十几天过去了，情况仍未有好转。

于是墙上的字换成了：乱倒垃圾者罚款100元！口气变得很威严，好像极具震撼力。可还是没人理睬，依然乱倒，依然狼藉。

后来出现了一行骂人的话：乱倒垃圾者是猪狗！到了这样的地步，我们似乎看到了书写者既忍无可忍又无可奈何的窘态。可是谁会买你的账呢？反正你也没有亲眼看见谁在乱倒，结果当然可想而知。

事情虽然不算大，却令人揪心。可又有什么办法呢？

谁也没想到，今年以来情况居然发生了奇迹般的转变，再没有人在这里乱倒垃圾了，周围也再找不到一点儿垃圾，墙上那条改换了多次的标语也不见了。

这是怎么回事？这和一个人有关，他住进了这栋楼里。这是一个什么人，有这么大能耐？他不是政要，不是名人，不是劳模，也不是哪里派来的卫生监督员，他是一个年届花甲的普通老人，而且是个盲人。自从他和老伴儿搬到这里来之后，每天早晨他要做的第一件事，就是出门走 30 米去倒垃圾，奇怪的是，他总能准确地把垃圾倒进垃圾箱。

有人问他："大爷，您双目失明，怎么能把垃圾倒进箱里去的？"

他答道："开始也倒不准，时间长了，我心里就有数了。"

人们退而思之，叹服不已。好一个"我心里有数"！

其实人人心里都有数。盲人想得很简单，也很坚定：垃圾是应该入箱的，否则就会弄脏了环境。所以他每天默默地数着脚步，一步一步，开始由老伴儿搀着，后来独自摸向垃圾箱，准确无误地将垃圾倒进去。

潜能开发

人们的善心和良知往往会受某种外来善举的影响而被激发出来，在潜移默化中慢慢改变着自己的行为，这就是榜样的力量。

平坦的路上不一定没有陷阱

一位富翁在非洲狩猎，经过三个昼夜的周旋，一匹狼成了他的猎物。

在向导准备剥下狼皮时，富翁制止了他，问："你认为这匹狼还能活吗？"

向导点点头。富翁打开随身携带的通讯设备，让停泊在营地的直升机立即起飞，他想救活这匹狼。

直升机载着受了重伤的狼飞走了，飞向500千米外的一家医院。富翁坐在草地上陷入了沉思。这已不是他第一次来这里狩猎，可是从来没像这一次给他如此大的触动。过去，他曾捕获过无数的猎物——斑马、小牛、羚羊甚至狮子，这些猎物在营地大多被当作美餐，当天分而食之，然而这匹狼却让他产生了“让它继续活着”的念头。

狩猎时，这匹狼被迫到一个近似于“丁”字形的岔道上，正前方是迎面包抄过来的向导，他也端着一把枪，狼被夹在中间。在这种情况下，狼本来可以选择岔道逃掉，可是它没有那么做。当时富翁很不明白，狼为什么不选择岔道，而是迎着向导的枪口冲过去，准备夺路而逃？难道那条岔道比向导的枪口更危险吗？狼在夺路时被捕获，它的臀部中了弹。

面对富翁的困惑，向导说：“埃托沙的狼是一种很聪明的动物，它们知道只要夺路成功，就有生的希望，而选择没有猎枪的岔道，必定死路一条，因为那条看似平坦的路上必有陷阱，这是它们在长期与猎人周旋中悟出的道理。”

富翁听了向导的话，非常震惊。

据说，那匹狼最后被救治成功，后来在纳米比亚埃托沙禁猎公园里生活，所有的生活费用由那位富翁提供。因为富翁感激它告诉他这么一个道理：在这个相互竞争的社会里，真正的陷阱会伪装成机会，真正的机会也会伪装成陷阱。

潜能开发

在这个充满竞争的社会里，机会和陷阱并存，但一定要分辨清哪些是机会，哪些是陷阱，因为，真正的陷阱会伪装成机会，真正的机会也会伪装成陷阱。如果选择错了，就会掉进陷阱，失去机会。

迷信是因为你不敢怀疑

五代后晋时期，魏州冠氏县华村有座古庙，由于年久失修，香火逐渐变得稀落起来。可是，有一天，在庙里发生了一件奇怪的事情，从那以后，附近的百姓都开始来庙里烧香许愿，奉送祭品。

事情的缘起是这样的：有一天，天下大雨。村中几位在田里耕作的农妇无处躲雨，就进到这座破庙里避雨。她们无意中惊奇地发现，庙里不知什么时候新添了一尊大佛，这座大佛高有一丈多。

几个农妇纷纷议论这尊大佛的来历，忽然这佛像居然说起话来。众妇人闻声失色，连忙跪地向佛像求饶。

那佛像说道："我是西天佛尊，你们这些村民愚昧无知，这么多年来怠慢神灵，不来祭拜，我是特意来问罪的。现在外面正下着的雷雨就是本佛初试神威。"

这几个农妇听了佛像说话，都吓得魂不附体。一个胆大的农妇问道："佛尊言之有理，但不知怎样才能解脱村民的不敬之罪？"

大佛道："只要虔诚尊佛便可。"

佛尊显灵的消息很快就传开了，远近村民纷纷进庙烧香上供。一向冷落的小庙顿时热闹非凡，每天如同赶集一般，连许多头面人物也来进奉。

此事传到县衙门，县令将信将疑，便去一试，果然听见大佛会说话，且有头有脑。县令将此事报告了州府。

当时，后晋之主石敬瑭镇守邺县，听说了这件事情觉得很奇怪，从古到今，从来没有听说过佛像会说话的，于是，他决定把事情查个水落石出。便差遣衙将尚谦前往进香供奉，顺便查明是真是假，尚谦手下的主簿张辂听说此事后，请求与尚谦同往。

两位大人到了庙前，张辂对尚谦耳语一番，便悄然藏身于庙旁小树林。

和尚们见尚谦来拜佛，都觉得受宠若惊，赶紧出门迎接。礼毕，尚谦便请住持拿出庙内和尚名册点名，一个不少。便命众和尚陪同到做道场的大殿之中去。

住持和尚猜到尚谦到此进香的真正目的，忙说道：“大人到此，是我庙的荣幸，请先去客房休息一下。”尚谦回绝了。

和尚们无奈，只得随尚谦前往大堂。

张铬一直藏在林子里，趁和尚们不备，便悄悄随后进入了和尚住的房子，仔细察看，居然发现里面有一条暗道。顺着暗道往前走，竟走到铁佛底下。原来，那铁佛竟是空心的。张铬大喜，果然不出所料，庙中确实有诈。于是他爬到铁佛的空身里，只见众和尚正陪着尚谦走进殿堂，一本正经准备念经。他在佛身中大喝一声。和尚们听这声音有些陌生，都觉奇怪。

这时候，处在大佛肚中的张铬，趁机说出了自己的身份。和尚们见大佛的秘密被发现，一个个连忙跪地求饶。

会说话的大佛的秘密被公开以后，百姓们都知道自己上了当，从此再也不来庙里上香，这座庙宇又恢复到了以前的冷清模样。

潜能开发

很多时候，人们都是被自己的无知欺骗了，面对欺骗，有些人毫无理由地就相信了，于是，他们成为了无辜的受害者；而有些人则不然，他们首先想到的是证实事件的真实性，于是，他们就成了揭穿谎言的人。

倾听别人的谈话

有一只小猫长大了。

有一天，猫妈妈把小猫叫来，说：“你已经长大了，三天之后就不能再喝妈妈的奶了，要自己去找东西吃。”

小猫惶惑地问妈妈：“妈妈，那我该吃什么东西呢？”

猫妈妈说：“你要吃什么食物，妈妈一时也说不清楚，就用我们祖先留下的方法吧！这几天夜里，你躲在人们的屋顶上、梁柱间、陶罐边，仔细地倾听人们的谈话，他们自然会教你的。”

第一天晚上，小猫躲在梁柱间，听到一个大人对孩子说："小宝，把鱼和牛奶放在冰箱里，小猫最爱吃鱼和牛奶了。"

第二天晚上，小猫躲在陶罐边，听见一个女人对男人说："老公，帮我一下忙，把香肠和腊肉挂在梁上，小鸡关好，别让小猫偷吃了。"

第三天晚上，小猫躲在屋顶上，从窗户看到一个妇人告诉自己的孩子："奶酪、肉松、鱼干吃剩了，也不收好，小猫的鼻子很灵，明天你就没得吃了。"

就这样，小猫每天都很开心，它回家告诉猫妈妈："妈妈，果然像您说的一样，只要我仔细倾听，人们每天都会教我该吃些什么。"

靠着倾听别人的谈话，学习生活的技能，小猫终于成为一只身手敏捷、肌肉强健的大猫。

它后来有了孩子，也是这样教导孩子："仔细倾听人们的谈话，他们自然会教你的。"

潜能开发

善于倾听别人谈话的人，能从别人的谈话中发掘对自己有利的信息，并能为己所用。他们靠倾听别人的谈话，学习为人处世的技巧，学习生活方面的某些细节……在学习中不断成长。

放别人一条生路

寒冷的北极也有温暖如春的季节。每年的七八月份，当我们正处于水深火热的酷夏时，北极地区的冰雪开始大规模融化，气温逐渐回升，出现短暂的绿草如茵的丰美景象。但随着气温的升高，同时也会使大量的蚊虫肆虐丛生。由于当地物种稀少，饥饿难耐的蚊虫们便飞到人们聚居的地方，吸食人们的血液以维持来之不易的生命。

许多初到这个地方的游客都会注意到这样一个现象，当地的印第安人对这些嗡嗡乱叫的蚊虫十分仁慈，从不轻易地伤害它们。即使被叮咬，也只是涂些药水了事。一次，一个游客从背包里掏出一瓶杀虫剂，还没有喷洒，便被一个印第安老人止住了。老人说：虽然这些虫子很烦人，但你却不知道，它们以后还要帮我们一个大忙呢。

原来，驯鹿是当地人过冬的主要肉质动物来源。可天气暖和的时候，大批的驯鹿便会自发成群结队地向低纬地区迁移，因为那里有大量的水草。如果没有人赶，它们是不愿意在严寒到来之前准时回来的，并且靠人力驱赶的作用也是微乎其微的。这时，平日里特别烦人的蚊虫的巨大威力便显示了出来。因为天气一冷，为了逃命这些蚊虫便飞到暖和的低纬地区。自然就会与驯鹿不期而遇。吸食血液的蚊虫是驯鹿无法抵御的天敌。抵御不了蚊虫的进攻，又无处躲藏，并且前边的气候还不适宜生存，于是就只能往回跑，这一跑就钻进了人们事先已经设好的包围圈里。

潜能开发

眼前的得失不要时时挂在心上，长远的考虑才是智慧者的生存之道。也许，当我们放别人一条生路时，受益者也包括你自己。

知识并非只从书本上学到

从前，有一个国王，他的3个枢密官都自以为自己是世界上最聪明的人，但国王不大相信，决定要考验一下他们。

一天，国王带了3个枢密官去打猎。路上，遇到一个老农民在耕地。

国王对老农民说：“啊，山顶上下了多少的雪啊！”

老农民回答说：“国王，是下雪的时候到了。”

“你的房子火烧过几次？”

“两次，国王陛下！”

“还要烧几次？”

“3次。”

“我给你3只笨鹅好不好？你能把它们的毛全部拔掉吗？”

"随您拿来多少，我一定能把它们的毛都拔掉。"农民笑着说。

国王告别了老农，继续往前走，过了一会儿，他对枢密官说："现在，我来考考你们的智慧了。我刚才问了农民什么？他的回答是什么意思？如果回答不出，我就斩了你们！"

枢密官急叫起来："怎么？马上要回答？得让我们想一想！"

国王同意了，说："好，但是3天后还猜不出，我就要处决你们。"

枢密官们翻阅了几百本书，但没有一本书有这样的答案。他们只好去向那个老农民请教。

老农民同意告诉他们，但要他们先脱下贵重的衣服交给他。

枢密官只得乖乖地脱下衣服交给农民，然后问："当时山顶上都是鲜花绿树，国王为什么说山顶上都是雪？"

"国王是看见我头上白发后，才这么问的。我回答说，年纪大了才白的。"

"国王问我嫁了几个女儿，我回答说：嫁了两个，因为嫁女儿，要给一份好嫁妆，这嫁女等于火烧后造了一座房子。我还有3个女儿，就是说，我的家还要烧3次。"

"那么他答应给你3只什么样的笨鹅？你还要把它们的毛全拔光？"

"笨鹅就是你们！"原来，国王秘密地跟在枢密官后面，当听到了他们的谈话后，忍不住站出来说。

枢密官们听了，吓得瑟瑟发抖，连忙跪在国王面前求饶。

"好吧，我饶你们，但你们应该3次火烧这个农民的房子。"

"3次火饶？"枢密官惊奇地问，"这是什么意思？"

农民笑着说："这就是说，你们应给我3个女儿置办嫁妆！"

国王的3个笨枢密官，害怕国王砍掉他们的头，只好给这个聪明农民的3个女儿，置办了3份丰厚的嫁妆。

潜能开发

有些人总是死读书本，想从中学到精深的知识，然而，他们不知道的是，有些知识从书本上是学不到的，而是要从生活中积累起来的。

不要忽视任何一个细节

裴光是武则天时期的刺史，他为官清廉，为人光明磊落。可是，有一天，却有人告发他，说他与叛乱分子徐敬业勾结，意欲谋反，并递上一份裴光的亲笔书信为证。这个告发他的人就是湖州地方官属吏洪琛。

武则天向来了解裴光的为人，知道这可能是有人蓄意陷害他，可是，从书信上的字迹来看，这封信确实是裴光所写。武则天觉得事情有蹊跷，就派人前去调查。

张金楚素来深得武则天的赏识和信任，因此，武则天就派他去调查此事，并且让他限期内查明。

张金楚领命后来到湖州，通过明察暗访，却根本找不出裴光与叛乱分子勾结的证据。张金楚为此坐立不安。

有一天，他躺在临窗的床上闭目养神，由于武则天限定的期限快要到了，可是现在却一点头绪都没有，他不由得再次拿出那封书信察看，想从字里行间找出点什么。

这时候，阳光透过窗子照射进来，光线刚好洒落在信上，张金楚猛然大惊。原来，他发现了一个很重要的问题：此信是伪造的。字确是裴光的笔迹，但信却是拼凑而成的。拼凑者很高明，痕迹在正常光线下根本无法分辨，而映着阳光就暴露出来了。

此案真相大白了，裴光是受人诬陷。于是，张金楚当即召集州属所有官吏前来，同时在堂上放了一大瓮水。众官吏到齐，张金楚唤出洪琛道：“你为何诬陷裴大人？”

洪琛大惊，但还是极力掩饰着内心的恐惧，说：“下官偶拾裴光勾结叛匪信件上报，并非诬陷。”

张金楚见洪琛不肯承认，便将书信交给洪琛，命令他当着众官吏，把书信投到那瓮水里去。片刻，割裂拼凑的文字经水一浸全部散开。洪琛见阴谋败露，立即叩头认罪。

原来，裴光由于为官廉洁，从不徇私情，洪琛曾经有事求他法外开恩，但却被裴光毫不留情面地拒绝了，洪琛因此怀恨在心，便拼凑了这封谋反假信。事情真相大白，洪琛由于污蔑大臣，被判入狱。

潜能开发

很多事情并不会想当然地发生，而是需要一定的附加条件，这种附加就像催化剂一样，会起到加速事情发展的作用。

偷梁换柱的假象

当初，楚、汉相争，一次，汉王刘邦及其部众被楚军长期围困在荥阳城里，已弹尽粮绝，内外交困。依靠城中军民固守孤城与项羽继续抗衡，已经不可能了。唯一的出路就是护送汉王刘邦杀出重围，保存汉军主力。

但是四周都被楚军围住，根本无法脱身。汉王的谋士们煞费苦心，终于想出了一个偷梁换柱的计策。

一天夜里，被围困在荥阳城内的汉军突然打开了东城门，在朦胧的夜色中，只见2000多汉军簇拥着一辆黄色伞盖的马车，朝城外冲杀出来。楚军见状，立刻包围过来。2000人被楚军团团围住。

“务必生擒汉王。”项羽向部将下达命令。

为擒拿汉王，楚军都朝黄色伞盖的马车围拢过来。只见车上插着“汉”字的旗帜，在夜风中猎猎作声。汉军士兵十分勇猛，虽然有的人十分矮小，有的人看上去行动不便，但都具有一种殊死拼搏的精神。

可是，交战没多会儿，楚军发现，这2000多汉军几乎都是妇女和儿童。他们哪经得起剽悍的楚军的围攻？很快，汉王刘邦的马车完全暴露在楚军面前，车前挂起了表示愿意投降的白布条。

“楚王命令：他要亲自接受投降。”一位楚军将领一把拖住正要冲上前的一名小兵。

这时，项羽骑着战马赶过来。楚军官兵都闪在了一旁。“汉王，你终究也有今天。”项羽冷笑道。一剑挑开了汉王马车上的垂帘。

随着一阵开怀大笑，从马车上走下一位气宇轩昂的汉军将领来。“霸王，你高兴得太早了。我要告诉你，汉王早已与诸将从西门走了。”

楚王与楚军官兵大惊失色，从汉军车里走下的是汉军将领纪信。

项羽恍然大悟，自己上了刘邦的当。于是，恼羞成怒，下令将纪信用烈火活活烧死。

原来，纪信将军看到荥阳城中已无险可守时，就自告奋勇，愿意冒充汉王，带领2000名城中妇女儿童化装成汉军，做出从东门突围的假象，引开楚军主力，让刘邦趁机从西门逃走脱险。

潜能开发

人要学会放弃，尽管生命中有太多东西难以割舍，但是，只有割舍掉了才会换来另一番崭新的天地。

反向思维会轻松解决问题

从前，在欠债不还便足以使人入狱的年代，有位商人欠了一位放高利贷的债主一笔巨款。那个又老又丑的债主，看上商人青春美丽的女儿，便要求商人用女儿来抵债。

商人和女儿听到这个提议都十分恐慌。狡猾伪善的高利贷债主故作仁慈，建议这件事听从上天安排。他说，他将在空钱袋里放入一颗黑石子，一颗白石子，然后让商人的女儿伸手摸出其中一个，如果她选中的是黑石子，她就要成为他的妻子，商人的债务也不用还了；如果她选中的是白石子，她不但可以回到父亲身边，债务也一笔勾销。但是，假如她拒绝探手一试，她父亲就要入狱。

虽然是不情愿，商人的女儿还是答应试一试。当时，他们正在花园中铺满石子的小径上，协议之后，高利贷的债主随即弯腰拾起两颗小石子，放入袋中。敏锐的少女突然察觉：两颗小石子竟然全是黑的！女孩不发一语，冷静地伸手探入袋中，漫不经心似的，眼睛看着别处，摸出一颗石子。

突然，手一松，石子便顺势滚落在路上的石子堆里，分辨不出是哪一颗了。

“噢！看我笨手笨脚的！”女孩说道，“不过，没关系，现在只须看看袋子里剩下的这颗石子是什么颜色，就可以知道我刚才选的那一颗是黑是白了。”

当然，袋子剩下的石子一定是黑的，恶债主既然不能承认自己的诡诈，也就只好承认她选中的是白石子。

潜能开发

反向想问题，往往能够收到意想不到的效果。不看拿出的石头，而看剩下的石头，少女凭着智慧一下就击败了债主。我们在现实生活中也有很多问题是可以反向思维的，不妨试试看。

条件是可以转变的

公元919年，也就是五代后梁贞明五年，后梁攻打吴国，两军即将在长江江面上展开交锋。

刚开始，吴军占有有利的条件。因为这次领兵的是大将军彭彦章，他打仗所向披靡，很少吃败仗，因此士气大振。吴军在兵力上也远远超过敌人，加上吴军的战舰占了顺风之利，1200只战舰浩浩荡荡顺风而下。

而后梁此次由梁吴越王钱镠的儿子——大将军钱传罐亲自领兵，但他们的战船只有500只。

彭彦章见敌我相差如此悬殊，因此变得更加骄傲轻敌。

正在吴军浩浩荡荡前进的时候，就听见有人来报：我军战船开进途中未遇到任何阻拦，敌船见到先头部队望风而逃。彭彦章听见来报，更加不把后梁看在眼里，于是，命令战舰全速开进！

就在彭彦章得意忘形地想象着将会如何把敌人杀得落花流水的时候，忽然有士兵慌慌张张地跑来报告：主帅，敌船现在开始尾随我船了。

彭彦章攀上瞭望楼一看，可不是吗，刚才到江边躲避的梁军船队，待吴军驶过后，转到了吴军屁股后面，形势马上发生了逆转。现在后梁军队也变成了顺风行驶了。

彭彦章急忙命令战船调转船头与梁军交战。“不好，我们可能中了敌人的计策了。”

可是，吴军一旦调转船头，就将逆风作战了，如此一来，优势完全逆转了。

更让吴军沮丧的还在后面。他们刚刚调好阵势，只见江面上灰尘弥漫，迎面向吴船袭来。原来是后梁军队在战船上朝着吴军方向扬沙子，吴兵被灰土迷了双眼，都忙着揉眼睛，根本顾不上打仗，军队顿时陷入一片混乱之中。

这时候，彭彦章急忙下令：“命令各船，靠上敌船进攻。”可是等双方战船船舷接触后，只见梁军士兵一边与吴兵交战拼杀，一边从船舱里取出一袋袋东西，他们分为两批人马，一批人专门给自己船上撒沙子，另一批人专门向吴船上撒豆子。吴兵踩到战船上的豆子，脚下站不稳，纷纷摔倒，有些人脚下打滑，一不小心，就摔到江水里去了，再也上不来；而梁军战船上由于撒了沙子，梁兵一个个站得稳稳的。

后梁军队见吴军屡屡受挫，士气大振，一个个奋勇杀敌。当后梁和吴军的战船快要挨到一起的时候，梁军突然点起火把朝吴军船上扔去，火借风势，越着越猛，吴军1000多艘战船片刻间变成了一片火海。

结果吴军大败，彭彦章也投水自尽了。

潜能开发

可见，外界的条件虽然是不会轻易改变的，但是只要肯运用头脑，就可以让有利条件为我所用。

细心调查才能深入了解

“知彼知己，百战不殆”，如果你知道对方的意图，你就会更顺利地把事情办好。但是，读懂对方的心理，可不是一件容易的事情。你必须拥有足够的智慧。

郑板桥上当

有位大富豪新盖了幢别墅，豪华富丽，但就是缺少了点斯文气息。有人建议，何不弄两幅郑板桥的字画，往客厅里一挂，岂不就高雅脱俗了吗？

不过，郑板桥恃才傲物，鄙视权贵，一些达官显贵想索求书画，哪怕推着装满银子的车来，也被拒之门外。

这该如何是好呢？想来想去，大富豪终于心生一计。于是，他便派手下四处打探郑板桥的生活习惯和各种爱好，得知郑板桥特别喜欢就着狗肉喝酒，心里便有了谱儿。

这一天，郑板桥出来散步，忽然听见远处传来悠扬的琴声，曲子甚雅，不觉感到好奇，这附近没听说有什么人会奏琴呀？于是，他循声而去，发现琴声出自一座宅院。院门虚掩，郑板桥推门而入，眼前的情景让他大感惊讶：庭院内修竹叠翠，奇石林立，竹林内一位老者鹤发童颜，银髯飘逸，正在抚琴而鸣。哎呀，这不分明是一幅画吗？

老者看见他，琴声立即戛然而止。郑板桥见自己坏了人家兴致，有点不好意思。老者却毫不在意，热情让他入座，两人谈诗论琴，颇为投机。

谈兴正浓，突然传来一股浓烈的狗肉香，郑板桥感到很诧异，但口水已经忍不住要流下来。

一会儿，只见一个仆人捧着一壶酒，还有一大盆烂熟的狗肉，送到他们面前。一见狗肉，郑板桥的眼睛就粘在上面了，老者刚说个“请”字，他连故做推辞的客套话都忘掉了，迫不及待地狂喝猛吃。

风扫残云般地吃完狗肉，郑板桥这才意识到，连人家尊姓大名还不晓得，就糊里糊涂在人家这里大吃一通，现在酒足饭饱，总不能就这么一甩袖子，说声“再会”就走吧！

然而，又该怎么答谢人家呢？留点银子吧，不仅太俗，而且自己出来散步也没带钱呀。于是，他对老者说：“今天能与您老邂逅，实在是幸会，感谢热情款待，我无以回报，请您找些纸笔，我画几笔，也算留个纪念吧。”

老者似乎有点不好意思，连声说：“吃顿饭不过是小意思，何必在意！”

郑板桥以为他不稀罕书画，便自夸说：“我的字画虽算不上极佳，但还是可以换银子的。”

老者这才找来纸笔，郑板桥画完，又问老者的姓名，老者报了一个。郑板桥觉得耳熟，但又想不起来是怎么回事，还在落款处题上“敬赠某某某”。看着老者满意地笑了，这才告辞离去。

第二天，这几幅字画就挂在大富豪别墅的客厅里，大富豪还请来宾客，共同欣赏。宾客们原以为他是从别处高价购买来的，但一看到字画上有他的大名，这才相信是郑板桥特意为他画的。

消息传开后，郑板桥简直不敢相信自己的耳朵。他又沿着那天散步的路线去寻找，发现那原来是座无人居住的宅院，这才意识到，自己贪吃狗肉，竟然落入人家的圈套——上当了。

潜能开发

不是什么事情都是容易做到的，也不是什么东西都容易得到的。如果你想得到一件别人不想给的东西，或是想让别人做一件他自己不想去做的事情，这个时候，投其所好绝对是一种有效的方法。

匈奴人的疑虑

汉景帝在位时，匈奴大举入侵上郡，皇帝派了一个大臣随李广加紧训练军队，准备迎敌。

这一天，大臣带领几十名骑兵，出外探查敌情，恰巧遇到3个匈奴人，于是就和他们打了起来。这3个人转身射箭，射伤了大臣，并把跟随大臣的几十名骑兵几乎全部射死。大臣在侍从的保护下，慌忙逃回。

听了大臣的描述，李广认定这3个匈奴人一定是射雕能手，所以才会箭法如此精准有力量。于是，就带领100多名骑兵，纵马地去追赶那3个匈奴人。追了几十里，就赶上那3个徒步而行的匈奴人。

李广命令部下左右散开，从两边包抄过去。李广拉开弓，只两箭就射死二人，剩下的一个被活捉了。一审问，果然是匈奴的射雕人。李广喝令把俘虏绑在马上，正准备回营，远远望见几千个匈奴骑兵飞奔过来，那扬起的尘土遮天蔽日。但是，那匈奴将领见李广他们只有百来人，匈奴人素知李广用兵如神，且汉人惯用空城计，这次以为又是汉人的诱敌疑兵，恐怕中了埋伏，因此只在山下排开阵势观望动静。

且说李广的骑兵见了匈奴人大队人马，大吃一惊，刚要掉转马头往回撤退，李广忙拦住，下令部下向前进发，直到离开匈奴阵地约二里远的地方停了下来。

原来李广见匈奴人不敢攻击，反而防御，这说明他们不知我们的虚实。现在又离开大军有好几十里路，如果慌张逃跑，敌人来追赶，必将全军覆没。如果留下来不走，敌人一定会认为我们在施诱兵之计，那就绝对不敢来攻击我们。

李广又命令骑兵都下马，把马鞍也卸下来，躺在地上休息。有骑兵担心敌人突然来攻，将措手不及。

李广解释说："敌人以为我们会退走，谁想我们偏偏都卸下马鞍，他们就更相信我们确是诱敌的骑兵了。"

匈奴果然不敢进攻，只是观望。这时，有个匈奴将领，出阵来检查他的部下。李广飞身上马，率领十几个骑兵，向那个匈奴将领冲去。李广一箭射死了他，又重回队伍，仍然卸下马鞍休息。一会儿，天色渐渐暗了下去，匈奴人心里十分疑惑，始终不敢发起攻击。到了半夜，匈奴人生怕汉军会发动偷袭，就悄悄撤走了。

就这样，李广凭借百十来人却击退了匈奴几千骑兵，带领骑兵部下安全地回到了营中。

这不是一场短兵相接的战争，而是一场攻心战。

潜能开发

胜券在握的时候，可以很容易保持冷静；但是，当身临险境，你是否能依然沉着？依然泰然自若？沉着也是一种力量，有的时候甚至能够抵挡住千军万马。

掌握对方的心理

战国时，秦王派遣大臣蔡泽去燕国拆散燕国和赵国的联盟。燕王听信蔡泽的话，叫太子丹去秦国做人质，又请秦王派一个大臣来燕国当相国。秦国吕不韦派张唐到燕国去。张唐说："我曾经为秦昭王攻打过赵国，赵国悬赏说：'能抓到张唐，赏赐 100 里土地。'现在去燕国一定要经过赵国，我不能去啊。"

文信侯吕不韦闷闷不乐地回到家。伺奉他的是个 12 岁的孩子，名叫甘罗，他是甘茂的孙子。听说这件事以后，甘罗就对吕不韦说："让我去说服他，让他去燕国。"

吕不韦大声斥责道："走开！我亲自请他，他都不肯去，难道他会听小孩子的话？"

甘罗不服气地说："从前项橐 7 岁的时候，就当孔子的老师，现在我已经 12 岁了。我要是请不动他，您再骂我也不晚哪！"

吕不韦说："那么，你就去试试吧。"

甘罗见了张唐，问："将军的功劳与武安君白起比谁大？"

张唐说："武安君南边打败了强大的楚国，北边打败了燕国和赵国，每战必胜，每攻必取，不知打了多少回胜仗，夺了多少座城池，我哪儿比得上他呢？"

甘罗又问："那么文信侯的权力跟应侯范雎的权力比起来，哪个大啊？"

张唐说："当然是文信侯的权力大。"

甘罗说："应侯要攻打赵国，武安君不愿意去，离开咸阳七里就死在杜邮。现在，文信侯亲自请您上燕国当相国，将军却坚决不干，我不知您将死在什么地方！"

张唐慌忙叫人整理行装，准备出发。

甘罗对吕不韦说："张唐已准备出发去燕国，可他还有点怕赵国，请丞相借给我 5 辆车子，让我上赵国替他疏通疏通。"

不几天，甘罗到了赵国。赵襄王到城外迎接秦国派来的外交官。

甘罗问："燕太子丹上秦国做人质，大王知道吗？"

赵王说："知道。"

甘罗又问："张唐去燕国当相国，大王知道吗？"

赵王说："也听说了。"

甘罗说："大王既然都听说了，就应当明白贵国所处的地位。燕太子丹到秦国做人质，是燕国对秦国信任的表现；张唐去燕国当相国，是秦国对燕国放心的标志。秦燕两国友好，就是为了夹击贵国，以扩展敝国河间一带地方。您还不如将靠近河间的 5 座城割让给秦国，我回去求求秦王，不让张唐去燕国，并送还燕太子，跟他们断绝友好关系，咱们两国结成友好邻邦。如此强大的赵国去收拾那样弱小的燕国，您所得到的哪里仅仅是失去的 5 座城呢？"

赵王立即就割让 5 座城给秦国。于是秦国送回了燕太子丹，后来赵国攻打燕国，取得了上谷一带 30 座城池，把其中的 11 座让给了秦国。不久，秦王封 12 岁的甘罗为上卿。

潜能开发

说服一个人并不是一件简单的事情，但是，如果能够掌握对方的心理，寻找到一个突破点，那么这件事情就不再是件难事了。

将美酒当成毒药

罗斯一辈子研究出了不少化学产品，他成了闻名世界的大化学家、百万富翁。他买回了好多幅精美绝伦的世界名画和一件件珍贵文物。他将这些价值昂贵的东西一一布置在宽敞的客厅里，供客人欣赏。

但这事却给一个嗅觉特别灵敏的小偷打听到了。这家伙想去偷几件卖掉，自己这辈子便可享受不尽。

某日深夜，他悄悄摸到罗斯家。环顾四周，发现室内无人，贼胆更大，他摘下了一幅价值20多万美元的名画，抱起桌上的一件古色古香的文物，便欲溜出门去。

这时，桌上一瓶绿色的酒吸引了他。酒液清碧，还逸出阵阵扑鼻酒香，撩拨着他的胃壁，这小偷爱酒如命，马上拧开酒瓶盖，仰起脖子咕咚咕咚大口大口灌进喉咙。忽然，门外传来了脚步声，小偷马上放下酒瓶，夺路而逃。

警长乔尼在屋里细细观察，没发现罪犯留下的任何指纹、脚印。“这罪犯，准是戴了胶质手套、穿了特种鞋。”这时罗斯的仆人告诉他，放在客厅里的酒少了半瓶，一定是那窃贼贪酒，喝了几口。乔尼听了心生一计，吩咐罗斯：马上写一份声明，在当天的晚报上登出，那窃贼一定会找上门来。

第二天，那窃贼真的来敲罗斯家的门了。罗斯打开了门，躲在屋内的警察马上冲出抓住了那窃贼。

原来，罗斯的登报声明内容如下：

“我是化学家罗斯。今天回家，我发现家中桌子上绿色酒瓶里的液体给人喝了几口。那不是酒，是有毒液体。谁喝了快到我家服解药，否则两天内有生命危险。请各位阅读后，相互转告。万分感谢！”

潜能开发

做再困难的事情，一旦抓住了要领，找对了正确的方向，就会很容易把事情解决。

选择最重要的东西

从前有一个拥有万贯家财的大富翁，知道自己得了不治之症，所剩的日子也不多了，所以打算把遗产交给自己的独生子。

此时独生子正好到外地去做生意，短时间内无法回来，而大富翁又担心自己的遗产被仆人侵占，于是就立好遗嘱以防万一。

富翁：“仆人哪，儿子归期未定，但我的身子一天一天恶化，如果有一天，我撑不下去闭上眼了，但是儿子还没回来，你就把这份东西交给儿子。”

仆人：“这是什么呀？”

富翁：“你别问，只要交给他就行了。”

果然，等不及独生子返乡，大富翁就撒手人寰了，仆人于是把遗嘱转交给独生子。

而仆人早在富翁交遗嘱给他时，见机不可失，就擅自篡改成对自己有利的内容。

等到独生子回来一看，遗嘱上面竟然写着：“我所有的财产之中，可以由独生子任选其中的一项，其余的则全部送给多年服侍我、陪在我身边的仆人。”

仆人心想自己就要成为大富翁了，得意地对独生子说：“这么多的财产，你就好好地挑一样吧，我不会吝啬的！”

独生子想了想之后说：“我决定了。”

仆人："你尽管说吧！"

独生子大声地说："我选的就是你！继续做我家的仆人！"

这个聪明的独生子立刻化险为夷，轻而易举就从仆人的手中把自己父亲的所有财产全都要回来了。

潜能开发

很多人为了夺回失去的东西互相大骂，甚至大打出手，这是我们在生活中常见的事，其结果往往是得不偿失、两败俱伤。夺回属于自己的东西也在情理之中，关键是你采取何种方式。其实，最有效的方式就是运用智慧和平解决。

从未见过

岳柱是元朝著名的学者，他幼年时家境贫寒，但却聪明好学。

当年，岳柱在一所私塾里读书，营邱子任私塾的先生。营邱子由于对元朝统治不满，但又苦于无法摆脱，于是常借酒浇愁，聊以苟生，对那些拜读于自己门下的子弟也毫无栽培之意。

营邱子经常在课堂布置完作业就让学生们学习，然后自己就趴桌睡觉。一些无心学习的富家子弟对此自然乐不可支。

岳柱一直听说营邱子博学多才，所以才拜他门下，可是这个先生却总是睡觉，长此下去，自己怎么可能从老师这里学到知识呢？于是，他决定要想办法让老师改掉上课打瞌睡的习惯。

一天，上习字课，营邱子叫学生按字帖写字，自己伏案便睡。于是，课堂里顿时一片混乱，哪还有一点课堂的样子呢：这些富家子弟有的拿出早已准备好的蟋蟀玩弄；有的在习字本上画些乌龟王八之类的取乐。

岳柱悄悄走到讲台旁，摇醒正在打瞌睡的营邱子，低声问道："先生，您为什么老是打瞌睡？"

营邱子正在做梦，朦胧中被岳柱摇醒，迷迷糊糊看了一下四周，故作神秘地回答道：“我是到梦里去见古圣先贤去了，就像孔子梦见周公那样，只有这样，我才能将古圣先贤的教训传授于你们。”说完煞有介事地吟道：“采菊西篱下，悠然见北山。”

“应该是‘采菊东篱下，悠然见南山’。”岳柱纠正道。

营邱子叹息道：“茫茫人世，芸芸众生，人妖不分，何分东南西北。”

岳柱知道营邱子所说的梦中托言纯属谎言，他要揭穿老师的谎言，让他改变贪睡的习惯。于是，他想出了一个好办法。

第二天上课的时候，营邱子读着：“世间行乐亦如此，古来万事东流水……”,他抬头一看，发现平时总是睁大了眼睛认真听讲的岳柱竟然在打瞌睡，于是，他大声呵斥道：“懒惰成性，真是朽木不可雕!”

岳柱本来就是假睡，听见先生这样说，不慌不忙地站起说道：“先生，您冤枉我了，我是在学习呀!”

营邱子更生气了：“你分明是在打瞌睡，还敢诡辩说是在学习，难道睡觉也能学习吗?”

岳柱理直气壮地说：“我是到梦乡去拜见古圣先贤去了，就像您梦见古圣先贤一样。”

营邱子问岳柱道：“那么古圣先贤给了你一些什么教训?”

岳柱微笑着答道：“我见到了古圣先贤，就问他们：‘我们的先生几乎每天都来拜望你们，你们给了他些什么教训?’但他们却回答说：‘从未见过这样一位先生。’”

营邱子知道岳柱是在讽刺自己，但他并不生气，而是为有这样一个聪慧的学生感到高兴。从此以后，他不仅在课堂上再也没有打瞌睡，而且对岳柱也更加喜欢。在他的精心教导下，岳柱学有所成，最后成为了著名学者。

潜能开发

明知是谎言，却不直接揭穿它，而是重演谎言，令先生的话自相矛盾，既有讽刺性，又让撒谎者不可辩驳，这才是对待撒谎者的最好态度。

给匈奴王的礼物

汉高祖七年，匈奴冒顿单于率领40万人马，包围了晋阳。汉高祖刘邦亲自率领大军击退匈奴，解了晋阳之围。派出的探子来报说“匈奴的冒顿部下，大多是老弱病残”，因此，刘邦打算乘胜追击。

刘邦做事一向小心谨慎，唯恐情报有误，因此又派奉春君刘敬去与匈奴谈判，而真正目的是再去摸一下底。刘敬回来后说：“匈奴的人马看起来确实是不堪一击。只是，我担心这里却大有文章。如果匈奴的军事力量十分薄弱的话，怎敢大举进犯我中原呢？恐怕这是匈奴人设下的圈套，故意引诱我们去追击。”

刘邦见与探子的来报相符，就真以为匈奴兵力薄弱。加之刘邦求胜心切，于是，决定乘胜追击。

为了尽快捉到冒顿单于，刘邦带了一队骑兵，先追了上去。谁知刚到平城，匈奴的40万人马就围了上来。他们个个兵强马壮，精神抖擞。刘邦这才想起刘敬的忠告，不禁后悔起来。在这危急关头，刘邦率军杀开一条血路，退到平城东面的白登山上。此地山势险要，匈奴人虽然一时没有攻上山去的机会，但他们派几万人围住白登，其余的30万兵马分头在要路口上拦截后面的汉军。这样，白登山上的汉军就成了一支内无粮草、外无救兵的孤军。

第四天，刘邦、陈平正在朝山下观望。忽见山下有一队女骑兵，一打听，原来冒顿单于打仗时，把王后也带来了。陈平猛然想出一条妙计。

陈平派了一个使者去见匈奴王后。一路上，使者买通了匈奴把守的将士，所以很快见到了匈奴王后。使者献上一大堆金碧辉煌的珠宝后，又呈上一幅美人图，说：“中原皇帝恐怕匈奴大王不肯退兵，就准备把中原最漂亮的女子献给匈奴大王。这是她的画像，献给大王，看是否满意。”

匈奴王后展开一看，好个美女子，连她也看痴了。

合上画卷，王后心想：要是单于得了这天下第一美女，必然会冷落我。于是，忙对使者说：“画像请收回吧，我会让单于退兵的。”当晚，王后就劝说冒顿单于退兵，刘邦又派人送来很多贵重礼物，冒顿单于于是答应退兵，放走了刘邦。

刘邦平安回营以后，立即召见刘敬并加封他为关内侯。

潜能开发

面对要解决的问题，并不一定总是头疼医头、脚疼医脚，有的时候，用迂回的办法也许更有效。

我自有道理

曹操领兵解除了白马之围后，正在收兵后撤，忽报：袁绍派河北名将文丑率大军来攻，扬言要报关羽斩杀颜良的大仇。文军已渡过黄河，前锋将与曹军后卫接触。

曹操想了一下，立即传令：前后军对调，粮草先行，军兵在后。

部将吕虔不解，忙问为什么要使粮草在前，部队在后。

“粮草放在后面，多被掠夺，放在前面比较安全。”曹操说。

“倘若前方碰到劲敌，粮草被他们掠去，我们该如何是好？”吕虔又问。

曹操说：“我自有道理，等敌人来犯的时候，你自然明白。”吕虔顾虑重重，但也不好违逆，只得听命。

于是，曹军驮着粮食辎重的兵马沿河堑全延津一带，一路逶迤行进。曹操在后军指挥，忽然听得前军乱糟糟地叫喊，急忙派人前去查看。一会儿，有人报告：“河北文丑大军已到，我军纷纷抛弃粮草，四散奔逃。而后军距离尚远，救应不及。”将士们面面相觑，都显露出疑虑不安的神情，都看着曹操如何指挥。

曹操却没有丝毫惊慌，只扬起马鞭，朝南边一个土丘指了指：“此处可以暂时躲避一下。”曹军人马一齐奔上土丘。曹操又命令士兵全部解除甲衣，卸下马鞍，将战马放到土丘四周休息。文丑军队乘势追杀而至。

将领们见情势危急，都劝曹操收马退兵。

曹操不语。

眼见文丑的人马赶到，他们抢到曹操的粮草以后，见土丘下全是被曹军丢弃的战马，又令军队抢马，于是士兵争先恐后夺取，队形很快大乱。曹操见机会成熟，便令士兵一齐冲下土丘，文军不知所措。曹军四面包围文军，文丑挺身独自迎战，手下士兵自相践踏。文丑遏制不住乱军，只得拨马而逃，被关羽一刀斩于马下。曹操命令全军拼力追杀。文军大半落水，死伤惨重。曹军先前所失粮草、马匹悉数夺回。

见打了胜仗，曹操手下的将士们才明白曹操的用兵之计。曹操对吕虔说："古人作战讲究'卑而骄之'，我之所以命令把粮草放在前面，以后又让卸下战马的鞍子，就是为了诱使敌人麻痹轻敌，在他们阵脚自乱之际，我们打他个措手不及啊。"众将都赞叹：曹丞相果然用兵如神。

潜能开发

"骄兵必败"，暂时取得的一点成绩可以成为继续前进，最终达到目标的动力；也可以成为半途而废的祸根。而结果如何，其实只在一念之间。

一休以死谢罪

一休禅师是聪明的化身，因为他机智过人。在他还是一个小沙弥的时候，便初露锋芒。

有一次，一位信徒给师父送了一瓶上好的蜂蜜，师父视为珍宝，每天饭后只吃一点，细细品味，但这却被细心的一休看出了门道。他很想尝一尝，却苦于找不到机会。

这天机会终于来了。师父有事外出，但怕一休会偷吃蜂蜜，于是临走前就拿出蜂蜜对一休说："一休！信徒送来的这瓶东西是毒药，毒性很强，非常危险，你可千万别碰它！"

一休心里清楚，师父这是怕自己偷吃，故意拿话来迷惑他。等师父走后，一休毫不客气地把整瓶蜂蜜拿来都吃光了。味道真好！好吃极了！一休赞不绝口。可是等师父回来怎么向他交代呢？一休灵机一动，顺手又将师父最心爱的玉兰花瓶打得粉碎。

当师父办完事回来，还未进门就听到有哭声，他边纳闷边往里走，却发现一休正躺在地上号啕大哭。

师父刚要开口问他怎么回事，一休却哭得更凶了，边哭边对师父说："师父！我犯了不可饶恕的罪过。"

"你究竟做错了什么事？"师父越发纳闷。

"师父！我把您心爱的花瓶打碎了！"一休边抹眼泪边说。

师父果然十分心疼，忍不住埋怨道："一休，你怎么这么粗心大意，把那么贵重的花瓶给打碎了？"

一休见师父只顾心疼花瓶，于是又忏悔道："师父！我知道把您那宝贵的花瓶打碎了罪不可恕，只好以死来谢罪：所以我就把那瓶毒药全吃下去了！"

说完后，一休又开始号啕大哭。

潜能开发

任何问题的出现，都有其解决之道。但为什么很多问题解决不了呢？是因为缺少智慧。遇到问题时，不要慌张，也不要逃避，更不要蛮干，要想办法解决。凡事只要动动脑筋，都会有解决之道。

学习不是刻板地模仿

越国没有车，越国的人也一直都不懂得该如何造车。越人很希望学会造车的技术，好将车用在战场上，增强本国的军事力量。

有一次，一个越人到晋国去游玩。野外空气新鲜、风景美丽，他一路走一路看，不知不觉到了晋国和楚国交界的郊野。忽然，不远处的一件东西将他的视线吸引过去。“咦，这不是一辆车吗?”这个越人马上联想起在晋国见到过的车。这东西确实是辆车，不过毁坏得很厉害，所以才被人弃置在这里，这车的辐条已经腐朽，轮子毁坏，车轴也折断了，车辕也毁了，上上下下没有一处完好的地方。但这个越人对车本来看得不真切，又一心想为没有车的家乡立一大功，就想办法把破车运了回去。

回到越国，这个越人便到处夸耀：“去我家看车吧，我弄到一辆车，是一辆真正的车呢，可棒了，我好不容易才搞到的呢!”于是，到他家去看车的人络绎不绝，大家都想一睹为快。几乎每一个人都听信了这个越人的炫耀之词，纷纷议论着说：“原来车就是这个样子的啊!”“看上去怕是不能用吧，是不是损坏过呢?” “你不信先生的话吗?车一定本来就是这个样子的。”

“对，我看也是。”这样，越人造起车来都模仿这个车的形状。

后来，晋国和楚国的人见到越人造的车，都笑得直不起腰来，讥讽说：“越人实在太笨拙了，竟然将车都造成破车，哪里能用呢?”可是越人根本不理会晋人和楚人的讥讽，还是我行我素，造出了一辆辆的破车。

终于有一天，战争爆发了，敌人大军压境，就要侵入越国领土了。越人一点儿也不惊慌，从容应战，他们都觉得现在有车了，再没什么可怕的，越人驾着破车向敌军冲过去，才冲了没多远，破车就散了架，在地上滚得七零八落，越国士兵也纷纷从车上跌落下来。敌军趁乱杀将过来，把越人的阵形冲得乱七八糟。越人抵挡不住，死的死，逃的逃，投降的投降，兵败如山倒。

可是直到最后，他们也不知道自己是败在了车上。

潜能开发

不管向别人学习什么，都不能生搬硬套。学习不是一种刻板地模仿，而是通过自己动脑筋，然后再通过甄别和选择，取其精华，这样才能把所学的东西融会贯通，才能真正学有所用。

打破传统思维的限制

妨碍人们智慧的最大障碍，并不是未知的东西，而是已知的东西。固定思维顽固地盘踞在人们的头脑中，使人们无法和智慧亲密接触。而事实上，当一个问题从正面难以突破时，从相反的方向去思考，从逆向去探求，往往会让你更接近智慧。

小瓶子的用途

刘邦称帝的第二年，已经归顺他的魏王豹，看到刘邦在彭城之战中被项羽打败，就借口回故地探望母亲。他一回到封地，项羽就派人去拉拢他。魏王豹禁不住项羽的劝说，于是决定叛汉联楚，点起十万人马，把守平阳关，截断河口，抗拒汉军。刘邦在荥阳宫得知这一消息后，大发雷霆。

刘邦要发兵去征讨。谋士郦食其谏道："我跟魏王平时有点交情，让我先去劝他，如果他仍然不服，大王再发兵也不迟。"刘邦同意。

郦食其火速赶到平阳，见到魏王豹，反复说明利害，要他归附汉王。

魏王豹却决心已定，任凭郦食其怎么说也没用。

郦食其只得回禀刘邦。刘邦即命韩信为左丞相，和灌婴、曹参统帅十万大军渡河攻打魏王。

魏王豹得知刘邦派兵来攻打的消息后，把重兵调集到蒲坂，封锁了黄河渡口临晋关。韩信来到临晋关，发现对岸全是魏兵，只有上游夏阳地方魏兵不多。于是就决定在夏阳渡河。渡河需要木船，但他们只有一百多只，不够用。韩信就派人砍伐木材，并去收买罂（小口大肚子的瓶子）。

灌婴和曹参不明白韩信买罂的用意。

韩信解释说："我们渡河船只有限，如果伐木造船势必影响行期。我们可以做一些木罂：把几十只罂，排成长方形，口朝下，底朝上，用绳子绑在一起，再用木头夹。用它做成筏子可以比一股筏子多载人啊。"灌婴和曹参这才醒悟，就各自去忙着伐木购瓶了。几天功夫，一切准备停当。

这一天，韩信命令灌婴带领一万兵马和一百只船，在临晋关黄河的对岸排开阵势，假装要渡河的样子。魏王豹率领重兵虎视眈眈，严阵以待。谁料想，韩信和曹参却偷偷地带领大军连夜把木罂运到了夏阳。

几天的时间过去了，魏王豹并不见临晋关对岸发兵，以为汉军一时不敢渡河。正在这时，安邑守军来报：韩信已攻下安邑，正向平阳方向攻过来。

魏王大惊。仓促领兵去阻挡，但是以木罂渡河的汉军在安邑得手后，士气更旺，一路势如破竹，魏军哪里抵抗得住？魏王豹正想往临晋关退去，灌婴的兵马却趁临晋关空虚之机，挥师渡过河来攻占了关口，也向平阳冲来。两路夹击，腹背受敌的魏王豹只得下马投降。韩信很快平定了魏地。

没想到，不起眼的小瓶子，在战争中却发挥了大作用。

潜能开发

并不是只有木船才能渡河，木罂同样可以。做事情不能总是被常规思维所束缚，要学会用发散思维来思考。

听其言还要观其行

明朝初年的一天，闽南的一个小村里突然来了一个巫师，巫师自称是张天师的坐骑——神虎，此次受张天师指派，来到这里替乡亲们消灾造福。

村民们平时就很迷信，听说是张天师的坐骑，更是坚信不疑。于是，村民们都把他奉为神仙一样供奉，纷纷求他画符念咒，祛除穷鬼、病魔。

这时候，城里有个秀才叫丘蒙，知道这事后，也扮作巫师来到村里。

他一来巫师的做法现场，就称赞“虎王爷”灵验。“虎王爷”听秀才这样夸耀自己，很高兴，很快就与丘蒙亲近起来了，并且还和他攀谈起来。

“虎王爷”问丘蒙平时什么神驾附身。丘蒙随口答道：“我就是张天师！”

“虎王爷”听了大惊：我冒充神虎，你就冒充张天师！如此一来，我岂不是成了你的坐骑？但是，当着这么多村民们的面，巫师也只得委屈自己，装成“神虎”的样子，向丘蒙叩头请安。

丘蒙煞有介事地说道：“这次我是来捉拿妖怪的，虎将军听令！”

那巫师只得装出一副老老实实服从命令的样子。

丘蒙一把将他按倒在地，一抬脚骑上“虎背”，挥着手中的剑喝道：“妖怪哪里逃！神虎听令，天师要奋起直追妖怪！”

“神虎”只得听从“张天师”的话，他指向哪里，就驮着他往哪里爬。

“张天师”指挥“神虎”来到一座山岗下，丘蒙喝令“神虎”往上爬，那巫师没法，只得硬着头皮，背着丘蒙向山岗上爬。丘蒙故意又将脚夹得紧紧的，那巫师简直喘不过气，膝盖和手掌又被乱石子磨出血来，痛得他龇牙咧嘴，哪里有一丁点虎威？活像个大乌龟，慢腾腾一步一挪，等爬到山岗上，早已经累得满头大汗，脸色惨白，一屁股坐在一块大石头上，再也动弹不得了。

丘蒙却不放过他，用剑指着一块地说：“妖怪已经钻到地里去了，神虎，快挖！”那巫师不敢不从，“扑通”趴倒在地，用手去挖土，手指弄得鲜血淋漓，才在地里挖出了一个窟窿。可是真怪，里面竟有四只死老鼠。丘蒙一本正经地说：“这些妖怪原来是老鼠精，现在已经死了，神虎，你给我吃下去！”

巫师早已经累得半死，又见那腐烂发臭的死老鼠，心里直想吐，他求饶道：“主人，你就放了我吧。”

丘蒙脸色铁青：“你这畜牲竟敢违背本大师的命令！想当初，本天师命你吃千年毒蛇你都没说二话，今天区区小妖魔，你就害怕了，还不快点吃下去！”

那巫师本来就是凡人，如何吃得下死老鼠，眼看谎言就被戳穿，他也顾不得那么多，扑通跪倒在地上，连连磕头道：“弟子知错了，其实我并无神驾附身，是假冒虎王爷来骗些钱财的！”

丘蒙见巫师终于说出了实话，就对围观的众人说道：“现在你们看到了吧，哪有什么神虎巫师，分明是骗人钱财的把戏。”

百姓见一直供奉的神虎居然是假冒的，群情愤怒，一起上前把巫师痛打了一顿，巫师只得连连讨饶。

丘蒙为村民除了害，就悄悄地离开了，原来那被埋着的四只死老鼠也是丘蒙事先就埋好的。从此以后，村民们再也不轻易相信所谓巫师的话了。

潜能开发

圣人曾经教导我们，别人说了什么，我们不能因此就相信他；别人说了什么话，我们再去看他的行动，如果言行一致，我们才能相信他。只有“听其言，观其行”才能对一个人做出正当的评价。

被自己淹死的小白鼠

有个科学家在研究人类潜在的生命力。他在实验室里，以小白鼠做实验。

每天一大早，他就从笼子里抓出那只小白鼠，把它放进一个透明的玻璃水池内，然后，立即计算时间。

科学家在玻璃池旁观察小白鼠在水里挣扎的情况，直到那只小白鼠快要被溺死时，科学家才赶忙将它捞出来，放回笼中。当然，科学家没忘记计算时间。

这样的试验进行了一星期，每天的记录显示，小白鼠的挣扎时间在增加。

有一天早晨，科学家又继续他的实验。他将小白鼠丢进池中，不久，电话响了。

科学家便转身去接电话。那是他的女朋友打来的电话，情话绵绵，那位科学家忘记了池中的小白鼠。

当他记起时，侧身一看，那小白鼠已经浮在水面上了。

小白鼠的死，是因为那个“致命的电话”吗？

当然不是，那又是谁害死它的呢？

原来，每次科学家将它丢进池中，过了不久，便会将它抓上来。连续几天，那小白鼠便告诉自己：何必这么辛苦挣扎呢，最终会有一只手捞我上去的！就因为这个观念，它不去发挥其潜能挣扎生存，最终被淹死了。

潜能开发

要知道，无论做什么事，最终都要靠我们自己，只有自力更生，我们才能掌握自己的前程和命运。

做前人没有做过的事

无论在亲友家里还是在风尘仆仆的旅途之中，你总可以看到人们将方便面倒入杯碗之中，用开水一冲即食用。但是，你知道创造方便面的是谁吗？他就是日本方便面条产业大亨安藤百福。

30 多年前，安藤还不是什么老板。每天下班，他总要挤乘电车回家。等车的时候，他看到附近的饭店前，总有许多人排队等着吃热面条。这种情景已司空见惯，不以为怪了。可是有一天，他忽然来了灵感：“日本人这么喜欢吃面条，有没有法子让他们不要排队，随时随地很快地吃到面条呢？”就这样，他想做一种“用开水一冲就可食用”的方便面。

他的想法立即招致家人和亲友的反对：“好好安稳地做自己的工作吧，别异想天开啦！”可安藤决心已定，不为所动。

他凑了钱在家里搭起简易工棚，还买了一台轧面机，独自开始了试验。可是，最初几次尝试都失败了，轧出来的不是面条，而是一堆堆的面疙瘩。

这下，家人和亲友更是嘲讽和阻止他了：“你不是搞科研和做生意的料。想发财穷得快，不要偷鸡不成蚀把米！”

安藤说："万事开头难，这是前人没有做过的事，哪能一次就成功呢？"他还是咬着牙继续试验下去。

1958 年 8 月，安藤终于试制成功了第一批"鸡肉方便面"。一上市试销，很快就成为抢手货。安藤立即成立日清食品公司，正式生产、销售方便面。公司开张 8 个月，就售出 1300 万份方便面。原来不以为然的面条同行者看见有利可图，都一哄而上，抢做方便面，还挑起了专利纠纷。安藤便高薪聘用技术专家，组建方便面研究所，终于在 1962 年 5 月首先夺得专利权，击败了国内的竞争对手。

安藤还不满足，为了打开海外市场，亲自专程去美、英、法等国深入考察。他发现袋装的方便面质量、调味都很好，就是吃法上还不十分方便，问题出在容器上。于是，他果断地同美国达特公司联营，研制出适应美斟人用叉子吃面条的杯子。5 年后，正式推出杯装方便面。果然，它一下子风靡国内外市场。厂门口前来装货的卡车排成了长蛇阵。杯装方便面压倒了袋装方便面，单是在美国，日清公司的杯装方便面销售额每年都几乎增长一倍。

安藤百福的成功，使原先反对他试验的家属和亲友们都感到惭愧万分。

潜能开发

在我们的日常生活中，有很多需要仍得不到满足，这些需要是前人没有做过的事，从这些需要入手，做前人没有做过的事。尽管这样做会遭到别人的反对，甚至是嘲笑，但只要坚持下去，往往会获得巨大的成功。

只能用 4 颗钉子

在苏格兰一个小镇上，一位年迈的鞋匠决定把补鞋这门本事传给 3 个年轻人。在老鞋匠的悉心教导下，3 个年轻人进步很快。当他们学艺已精，准备去闯荡时，老鞋匠只嘱咐了一句："千万记住，补鞋底只能用 4 颗钉子。"

3 个年轻人似懂非懂地点了点头，踏上了旅途。

过了数月，3 个年轻人来到了一座大城市各自安家落户，从此，这座城市就有了 3 个年轻的鞋匠。同一行业必然有竞争。但由于 3 个年轻人的技艺都不相上下，日子也就风平浪静地过着。

过了些日子后，第一个鞋匠就对老鞋匠那句话感到了苦恼。因为他每次用 4 颗钉子总不能使鞋底完全修复，可师命不敢违，于是他整天苦思苦想，但无论怎样想他都认为办不到。终于，他不能解脱烦恼，只好扛着锄头回家种田去了。

第二个鞋匠也为 4 颗钉了苦恼过，可他发现，用 4 颗钉子补好底后，坏鞋的人总要来第二次才能修好，结果来修鞋的人总要付出双倍的钱。第二个鞋匠自认为懂得了老鞋匠最后一句话的真谛，暗中窃喜。

第三个鞋匠也同样发现了这个秘密，在苦恼过后他发现，其实只要多钉一颗钉子就能一次把鞋补好。第三个鞋匠想了一夜，终于决定加上那一颗钉子，他认为这样能节省顾客的时间和金钱，更重要的是他自己也会安心。

又过了数月，人们渐渐发现了两个鞋匠的不同。于是第二个鞋匠的铺面里越来越冷清，而去第三个鞋匠那儿补鞋的人越来越多。最终，第二个鞋匠铺也关门了。

日子就这样持续下去，第三个鞋匠依然和从前一样兢兢业业为这个城市的居民服务。当他渐渐老去时，他才真正懂得了老鞋匠那句嘱咐的含义：要创新，而且不能有贪念，否则必会为社会所淘汰。

又过了几年，鞋匠的确老了，这时又有几个年轻人来学这门手艺，当他们学艺将成时，鞋匠也同样向他们嘱咐了那句话："千万记住，补鞋底只能用 4 颗钉子。"

潜能开发

做什么事都没有既定的、行之最有效的规则，所以，我们既不能被固有的规则束缚了头脑，也不能钻规则的漏洞，做损人利己之事。聪明的人懂得如何在原有规则的基础上不断创新，以此来更好地发展自己。

让坏人自食其果

王羲之是我国古代著名的书法家，他任太守时，清正廉明，曾经断过不少棘手的案子，深得百姓的爱戴。

有一天，一个叫阿兴的猎人到衙门里来告状：几年前，阿兴的父亲到深山去打猎，结果被一只斑额老虎追赶，父亲在逃命过程中，一不小心跌下了山崖，一命呜呼。阿兴为了安葬父亲，曾向当地大财主鲁宋借用一块荒地。那天正遇鲁宋为母庆贺八十大寿，因此，听了阿兴的要求，就爽快地答应了，说："这事容易，但你要送一壶酒为我母亲祝寿。"阿兴很高兴，于是，回到家里，就卖掉了一张狼皮，买了一壶好酒为鲁母祝寿。有了坟地，第二天阿兴就安葬了父亲。

后来，阿兴继承了父业，以打猎为生。他打猎很卖力气，起早贪黑，加上他臂力惊人，枪法精通。后来他终于在深山捕杀了那只斑额大虎，为父亲报了仇。他还将老虎皮卖掉，得了数百两纹银，置办了酒菜，宴请乡邻。

可就在阿兴与邻居们喝得正酣的时候，财主鲁宋带领家丁前来索债。鲁宋说道："我来是为那块荒地的事情，当初我要的是'一湖酒'，你只给了'一壶酒'，想我那块地系风水宝地，岂是一壶酒就能买下的？"

阿兴知道鲁宋是仗势欺人，就到府衙告状。

王羲之明白是鲁宋恃强欺人，当时也不作判断，命阿兴回家静候消息。

当天，王羲之带着自写的一幅《乐歌论》来到鲁宋家中。只见鲁宋家深宅大院，院前小河连通村外大河，河内鹅鸭嬉水，鱼虾浅游，果然富甲一方。

鲁宋见太守来访，忙迎进客厅。

王羲之说道："我愿以《乐歌论》字幅换'一活鹅'。"

王羲之是有名的书法大家，一字值千金，一篇《乐歌论》真可谓价值连城，一只活鹅又何足道哉。鲁宋当场就慷慨应允。

王羲之当即将《乐歌论》留了下来，让鲁宋第二天拿着活鹅到府衙来。

第二天，鲁宋满心欢喜地提着一只活鹅来府衙见王羲之，王羲之见了，笑道："我的字幅价值连城，岂能只值一活鹅？我要的是一河鹅。"鲁宋不解其意。

王羲之又将阿兴传唤来，他高坐大堂，对鲁宋厉声喝道："鹅不论河，酒岂论湖？今天，我假以'河、活'辨'湖、壶'，为的是严惩刁徒。"见到阿兴，鲁宋这才知道王羲之哪里是为了要一只鹅，分明是为了阿兴的事情。虽然自己平日刁蛮成性，但毕竟不敢在太守面前逞凶霸道，只得连连磕头，知错认罪。

王羲之当堂命人把鲁宋拖出去，打了四十大板，并命他以后不许再欺压乡里，更不许再找阿兴讨债，王羲之的《乐歌论》也要速速交还。

潜能开发

聪明的人不会总是想着去害别人，但是当遇到不怀好意的刁难时，他们常常使用"以其人之道，还治其人之身"的办法，让坏人自食其果，这是对那些坏人最好的惩罚和警告。

谁向谁学

陈元方小的时候，十分聪明，尤其善于应对各种难以回答的问题，很受大人们的喜欢，大家都说他一定是国家未来的栋梁之材。

在他 11 岁的时候，有一次，他去拜见一个姓袁的大官，人们都称他"袁公"。

袁公对陈元方的聪明早有耳闻，于是，就很想借机考考他。袁公拉着成元方的小手问道："你父亲在太丘做父母官，政绩显著，名声很好，他做了哪些深得民心的好事？"

陈元方应声答道："我父亲治理太丘的方法很简单：他对倚仗权势作威作福的人，进行严肃而诚恳的教育；对无权无势、善良受欺的人，给予无微不至的关怀并且安抚他们。于是，社会安定，人民都能安居乐业。日子一长，地方的百姓自然对我父亲十分敬重，声誉也就鹊起了。”

袁公听了，连声称好，并说：“我过去做郾县的县令时，也是采取这些治理办法的。”

元方笑道：“果真‘英雄所见略同’，您同我父亲可说是不谋而合啊！”

袁公见元方小小年纪就擅长辞令，而且对答如流，心里十分欢喜。

过了一会儿，袁公又问元方说：“既然我和你父亲治理地方的方法如此相同，那么究竟是你父亲向我学的，还是我向你父亲学的？”

元方看了看袁公，只见袁公脸上带着一丝微笑，于是，他便笑着回答说：“周公和孔子都是古代著名的政治家，他们生在不同的时代，生于不同的地区。可他们两人都是为百姓做好事，行仁政，也都受到民众的敬重和拥护。这样看来，周公的治理办法不是从孔子那儿学来的；孔子的治理办法也不是从周公那儿学来的！”

袁公没有想到，元方小小年纪，竟然能说出这番话来，而且回答问题有条有理，有根有据，不禁更喜欢他了。

潜能开发

凡有志之士，必然不屑于做出“邯郸学步”的事情来，因为他们从来不喜欢亦步亦趋地跟在别人后面。他们只愿意做开一代先河、领一世先锋的旗手。

割鼻补眼

隋朝时期，有个叫三藏法师的和尚，他对佛经只是懂得一点皮毛，可他却自称是天下佛学权威。很多人信以为真，对他的“博学”十分钦佩。

这一天，他照例设斋拜佛，讲经说法。各地佛教信徒慕名赶来，把个斋坛围得水泄不通。

三藏法师装模作样地清了清嗓子，微闭双目，睁开眼，面带微笑，正式地讲起学来。佛教徒们都恭敬地聆听三藏法师的教课。

最后他终于讲完了，佛教徒们都争着问问题，三藏法师对答如流，于是，这些信徒们对他的学问更加钦佩了。

就在这时，一个十二三岁的孩子从人群中站了起来，大声问道："大师，我记得有部佛经上写着关于野狐和尚的事，它把'狐'叫做'阿阁黎'(佛家语，意思是可作规范的高僧)。请问，这部佛经叫什么名字?"

三藏法师对佛经本来就知之甚少，从来没有听说过这样的经书，因此一时语塞，不知如何回答。

为了缓解这种尴尬的气氛，三藏法师故意岔开话题说道："你这个小孩儿嗓子这么尖，可是个子这么小，怎么不用'声音'的优势来弥补身材的缺陷呢?"

哪知小孩也不甘示弱，反问三藏法师道："请问你眼窝深，鼻子长，怎么不割下鼻子来填补眼睛呢?"坛下顿时一阵哄然大笑。

听了小孩的话，三藏法师又羞又恼，可是又不好发作，只得忍了下来，自认倒霉。

潜能开发

虽然人们常常喜欢"以盈补缺"，以求平衡，但是并不是所有的事情都可以这样处理的，处理不当反倒会"弄巧成拙"，闹出"割鼻补眼"的笑话来。

吹嘘比赛

巴拉根仓是个很有智慧的人。

有一天，王爷对巴拉根仓说："巴拉根仓，我们两个今天来一次吹嘘比赛。"

巴拉根仓说："怎样一个比法?"

王爷说："谁要是听到对方吹嘘的话，说一声'不对'或'胡说'那就算输了，罚100只羊。怎样?你敢跟我打这个赌吗?"

别看巴拉根仓一只羊也没有，却一口答应。

王爷先开口吹嘘：“前天夜里，我们这儿刮起大风。这风大得可怕，我们家畜圈里的几百只羊，也都给卷到天上刮走了。风停后才发现，我那些羊群，全落在你家畜圈里了。是这样吧？”

巴拉根仓说：“是的。您说得完全对。”

王爷说：“那好啊！你先把落到你家畜圈里的几百只羊送回来吧！”

“尊敬的王爷，您急什么呀？”巴拉根仓冷笑道，“这回该轮到我吹嘘了：前天夜里风刮得确实很厉害。早晨起来一看，不仅把我家的马桩子给刮断了，连我家南面的大山也给吹出了好多个豁口子。风停的时候，眼瞅着我家畜圈里落下好几百只羊！我刚要去打开畜圈，捉一只羊杀了吃呢，可哪儿想到又起了大风。原来刮的是西北风，这回风向一转，刮起了东南风，这风比夜里刮的还要凶猛，竟把落到我家畜圈里的那几百只羊，连同我家的100只羊，一起卷到天上去了。这风把羊群吹到天上，刮呀，飞呀，旋哪，嘿！说也巧，又把这些羊送到您家的羊圈里了。是吧，王爷？”

王爷忍不住喊叫起来：“你这个骗子，完全是胡说八道！”

“对不起，您输了。”巴拉根仓抬腿走到王爷的羊圈里，数出100只羊，赶回家去了。

潜能开发

虽然我们不赞同吹嘘，但有时还真的不得不吹嘘。面对一个吹嘘的人，最好的应对办法就是比他吹嘘得更厉害。但吹嘘也是要讲究技巧的，将对方吹嘘的内容作为基础，在此基础上加以吹嘘，必然会胜过对方的吹嘘。

粮车里走出的士兵

公元679年，唐高宗派兵征讨突厥，派单于都护萧嗣业负责运送粮食，可是，没想到，萧嗣业的运粮军队走到半路上，就被突厥首领阿史德温傅率领的一支军队包围了，结果，多数唐军被杀死，粮车被突厥劫走。

在第二年，唐高宗任命裴行俭为定襄道行军大总管，率军前去征讨突厥人。

裴行俭领兵来到朔州时，让士兵拉来300辆大车，又挑选了1500名手持大刀强弩的精兵，对他们说："以前萧嗣业的军粮被突厥人抢劫去，所以兵败。现在，突厥一定会故伎重施，我们这次要给敌人来个出其不意。"

说完，他就让这些精兵藏进粮车之中，又让一支部队埋伏在粮车必定经过的险要之处，等待战机。裴行俭假装运送粮食，还是走萧嗣业曾经兵败的道路。

这时候，一支突厥的部队远远望见唐军的运粮车又到，心想：唐军又送粮上门啦！于是，像去年一样，率领军队闪电般冲上前去。押车的都是老弱残兵，一见来势凶猛的突厥兵，故意惊慌地丢下"粮车"，掉头就逃。

突厥兵截获了粮食，都很高兴。他们兴高采烈地驱赶着"粮车"凯旋而归。当他们来到一个水草丰美的地方的时候，他们解开马鞍，让马去喝水吃草。

突厥兵忍不住要看看自己的战利品，于是就说："我们来看看唐军都给我们送来了什么粮食。"

就在他们纷纷放下手中的刀枪，准备去打开粮车的时候。粮车突然自己打开了，从车中突然跳出了一个个骁勇无比的唐军。突厥军没有准备，大惊失色，一时不知如何是好。

突厥正不知所措，唐军却一个个威猛无比，顷刻间，把突厥军杀得溃不成军。突厥军见一时难以战胜，就纷纷落荒而逃。可就在他们逃到险要之处的时候，突然杀声四起，早已埋伏在路两侧的唐军一下子都冲了出来，把突厥兵杀死大半。

突厥军有了这次惨败的教训以后，再也不敢轻易去劫唐军的运粮车了。

潜能开发

没有人会轻易地被同一块石头绊倒两次，因为有了第一次跌倒的经验以后，人们在第二次经过的时候就会变得格外小心，并且会想办法把石头踢走。

聪明人的眼光

美国第16任总统林肯，是一位眼光敏锐、接受新事物能力很强的智者。

有一天，林肯独自一人来到华盛顿的大街上，那时还没有电视等先进媒体的传播，他只要稍加改装，就不会被人认出来。忽然，他发现在一家名为《智慧》的杂志社门前围了一大群人，于是他也好奇地凑了上去。结果发现，在华丽的墙壁上竟然钻了一个小洞，洞旁写着醒目的几个大字："不许向里看!"然而好奇心还是驱使人们争先恐后地向里观望，林肯也顺着小洞向里看，原来里面是用五彩缤纷的霓虹灯组成的一本《智慧》杂志的广告画面。

林肯总统觉得这家杂志很有创意，回来就吩咐秘书为自己订了一份。果然，《智慧》杂志不论内容编排、版式装帧、封面设计，还是印刷质量，都堪称一流，颇受林肯的喜爱和青睐……这天，林肯处理完一天的公务，顺手拿起一本新到的《智慧》杂志翻阅起来，翻着翻着突然发现这本杂志的中间几页没有裁开。林肯很是扫兴，顺手将杂志放到一边。晚上，林肯躺在床上突然想起了这本杂志：这既然是一份大家喜爱、风行全国的杂志，在管理方面应该是十分严格的，按常理绝不会出现这种连页的现象。他由此联想到杂志社在墙壁小洞上做广告的事，难道这里面又有什么新花样？

他翻身下床，找到这本杂志，小心翼翼地用小刀裁开了它的连页，发现连页中的一节内容竟被纸糊住了。林肯想，被糊住的地方大概是印错了。但印错的内容又是什么呢？好奇心驱使林肯又用小刀一点点地撬起了糊纸，下面竟写着这样几行字：恭贺您，您用您的好奇心和接受新事物的能力获得了本刊一万美元的奖金，请将杂志退还本刊，我们负责调换并给您寄去奖金。——《智慧》杂志编辑部。

林肯对编辑部这种启发读者智慧和好奇心的做法极其欣赏，便提笔写了一封信。不久，林肯总统便接到新调换的杂志和编辑部的一封回信：总统先生，在我们这次故意印错的300本杂志中，绝大多数人都采取了寄回杂志社调换刊物的做法，只有8个人从中获得了奖金，看来您的确是位真正的智者。根据您来信的建议，我们决定将杂志改名。这本杂志，就是至今仍在风靡世界的《读者文摘》。

在故意印错的300本杂志中，机遇就摆在300人的面前，但绝大多数人熟视无睹，只有8个人抓住了机遇，还不到总数的2.7%。为什么只有8个人在“平凡”之中发现了“非凡”获得了奖金？因为他们都有很强的对新事物的接受能力和独特的眼光。

潜能开发

大地回春向万物发出了请柬，但并不是每一粒种子都能发芽；机遇在人群中穿行，但并不是每一个人都去奋力捕捉。机遇的确时有时无，但与其抱怨没有机遇，倒不如历练发现机遇的眼光。

变换角度看问题

当我们从不同的角度来看待一件事物，会有不同的看法，但是有些人就是把自己限制在一个位置上，“福祸相依”，其实只要你稍微转换一下角度，你就会有不同的发现。

不要相信事物的外表

人们第一次看到骆驼的时候，立即被它那奇特的外表惊骇了。

如山一样巨大的身躯，它站在那里，使人只能从它的四条腿中间相望。它隆起的背像两座山峰，那上面仿佛有白云飘过。它高高昂起的头好像要伸向天外，与宇宙去交谈，根本不将人放在眼里。人们看上去，骆驼完全是一副不可一世的样子。

当骆驼迈开四条长腿向人们奔来的时候，人们不禁惊慌失措，被它吓得四处逃散。

当人们和骆驼渐渐熟悉的时候，就觉得它没有当初看见的那样吓人，而且温顺柔和，可爱无比。

骆驼总是独来独往，迈着缓缓的步子，一步步地走来走去。它总是平静地生活着，从不骚扰人们，更不去骚扰家禽家畜，那温顺的性情使人们和家禽家畜都不由自主地去亲近它。

于是，人们打消了恐惧的念头，鼓起勇气去接近它。过了一段时间，人们偶尔喂一些食物给骆驼，要么就为它送去一点水。骆驼吃食物一点不动声色，静静地吃，喝水时更是温顺。

有了这些接触，接着人们就敢伸出手去摸摸它黄褐色的长绒毛。这时，无论人们摸它身上的什么地方，它总是一副驯服的样子，既不鸣叫，也不伤人。

几个月过去了，人们对骆驼的恐惧感越来越少。最后，人们的恐惧感完全消失了。同时，对骆驼的认识也更加深入了。

人们发现骆驼有许多优秀的品格：

它吃苦耐劳，干活踏实，只需要少量的食物和水，从不过高地索取什么；它善于负重，有高度耐饥渴的能力，不怕风沙，最适于在沙漠中行走。

从此，人们喜欢上了骆驼，让它在沙漠中来来往往地运送货物。人们称骆驼为“沙漠之舟”，并将它看作是人们最忠诚的伙伴。

潜能开发

由表及里，由外而内，由现象到本质，才能完全清楚的认清一样事物。万万不可被事物的外表所迷惑。

劣势可以变成优势

一位神父要找三个小男孩，帮助自己完成主教分配的1000本《圣经》销售任务。

神父觉得自己只能完成300本的销售量，于是他决定找几个能干的小男孩卖掉剩下700本《圣经》。神父对于“能干”是这样理解的：口齿伶俐，小男孩必须言辞美妙，让人们欣喜地做出购买《圣经》的决定。

于是按照这样的标准，神父找到了两个小男孩，这两个男孩都认为自己可以轻松卖掉300本《圣经》。可即使这样还有100本没有着落，为了完成主教分配的任务，神父降低了标准，于是第三个小男孩找到了，给他的任务是尽量卖掉100本《圣经》，因为第三个男孩口吃很厉害。

五天过去了，那两个小男孩回来了，并且告诉神父情况很糟糕，他们总共只卖了200本。神父觉得不可思议，为什么两个人只卖掉了200本《圣经》呢？正在发愁的时候那个口吃的小男孩也回来了，他没有剩下一本《圣经》，而且带来了一个令神父激动不已的消息。他的一个顾客愿意买他剩下的所有《圣经》。这意味着神父将卖掉超过1000本《圣经》，神父将更受主教青睐。

神父彻底迷惑了。被自己看好的两个小男孩让自己失望，而当初根本不当回事的小结巴却成了自己的福星，神父决定问问他。

神父问小男孩："你讲话都结结巴巴的，怎么会这么顺利就卖掉我所有的《圣经》呢？"

小男孩答道："我……跟……见到的……所有……人……说，如……果不……买，我就……免费……念《圣经》给他们……听。"

潜能开发

在某种特定的情形下，劣势和优势是可以互相转化的，所以，有时候劣势不一定是件坏事，如果引导得好，就会把劣势转化为优势，而这种转化来的优势更有助于成功。

为国王画像

相传，古时候有一个国王，长得十分丑陋。他一只眼睛瞎了，一条腿还瘸着。

然而，就是这样的一个国王，有一天召集全国的画师来为他画像，并且发出话来：画得好的有赏，画得不好的要杀头。

一个画家画了一张画像呈献给国王，只见画像上的国王不瞎不瘸也不丑，仪态端庄，威严无比。谁知国王一看便勃然大怒道："善于弄虚作假、阿谀奉承的人，一定是个有野心的小人，留着何用，拉出去斩首！"

这个画师被杀了。

第二个画师又画了一张画像呈献给国王。只见画像上的国王瞎着一只眼，瘸着一条腿，哪里有一点国王的威严相？国王一看怒火中烧，大喝道：

“竟敢丑化国王，冒犯天威，此等狂妄之徒，留着何用，拉出去斩首!”

第二个画师也被杀了。

正当画师们为难之时，人群中闪出一个画师来，他双手呈上一幅画像给国王。国王一看这幅画像，不禁连连称叹，赞不绝口，并将画像赐给群臣观赏。

这是一幅国王狩猎图。只见国王一条腿站在地上，一条腿在一个树墩上，睁着一只限，闭着一只眼，正在举枪瞄准。多么巧妙的一幅画！百官惊叹不已，画师们更是啧啧连声，自叹弗如。

国王赐给这个画师千两黄金作为奖赏。

潜能开发

每个人都有优点和缺点，聪明的人不但能认识到自己和别人的优点，而且能清楚自己和别人的缺点，并能把缺点巧妙地变成优点展现出来。

幽默的智慧力量

诸葛恪是诸葛瑾的儿子，诸葛亮的侄儿，他从小就是一个聪明伶俐的孩子，很得大人的喜欢。

在诸葛恪 7 岁的时候，有一天，孙权大摆筵席，宴请东吴文武百官，诸葛瑾也在受邀之列。宴会上，大家谈笑风生，都很开心。

忽然，孙权抬头一看，发现官员们都在围着诸葛瑾开玩笑，一个劲儿地劝他喝酒。年龄只有 7 岁的诸葛恪根本不胜酒量，小脸蛋早喝得红彤彤的了，可他却毫不怕羞，代父亲擎起酒杯向官员们回敬：“来而不往非礼也，你们也喝。”

孙权见状，兴致大发，也想开诸葛瑾的玩笑。于是，他当即对左右咬着耳朵交代了一番，不一会儿，就有下人从花园中牵进一头毛驴来，那驴脸上还挂着一个长长的字条，上面写着“诸葛子瑜”四字。

百官看了，无不拍手哄堂大笑。原来诸葛瑾的面相略长，酷似驴脸。

诸葛恪见了十分生气，可又不好发作，于是，表面上装出一副高兴的样子，跪在孙权面前请求道："大王，请允许我添上两个字，助助雅兴。"

孙权本想试试诸葛恪，见他如此说，心中大喜，想看看他有什么能耐，于是，当即命令左右捧出文房四宝。

诸葛恪握着毛笔，不慌不忙地在字条上加上了"之驴"两字，这下就变成了"诸葛子瑜之驴"。

大家一看，释然欢笑，都连连点头称诸葛恪果然聪明。

孙权见诸葛恪小小年纪，头脑就如此灵活，如此聪明机灵，心中也十分欢喜，于是当即把这头驴奖赏给了诸葛瑾父子。

潜能开发

用幽默化解尴尬是一种智慧，它不但让别人感受到了幽默本身带来的快乐，也让别人领略到了你智慧的魅力。

弱小势力的生存策略

从前，森林里有一只豹子。一天晚上，豹子像往常一样出外猎食。他到处寻找小鹿、小猪，甚至一只小兔子，但不论是大是小，一样也没有找到，饿极了。最后，他碰上了一只蜥蜴。

豹子说："蜥蜴，今天晚上，我要拿你当晚餐了。"

蜥蜴说："先生，我太小了，不够你一口的。就让我走吧。"

豹子说："不，我不能让你走。对一个饿极了的人来说，一口也比没有好。"

蜥蜴说："我不像你那样，有锋利的牙齿和锐利的爪子。你强我弱，强者不应该吃弱者。这不公道，佛法不允许这样。"

豹子不耐烦地说："弱者总是把佛法搬出来，强者只知道一条法律：'强权就是公理'。我有强权，所以我吃你就合乎道理。"

蜥蜴说："好吧，死倒没什么，不过只要我有一口气，我就要战斗到底。"

豹子一听，不禁哈哈大笑。他大声吼道："我只和跟我差不多的对手打仗。"

"好吧，"蜥蜴说，"给我三个月，我就可以成为你的对手了。"

豹子同意了，他们决定在三个月之后，在同一时间，同一地点决斗。

蜥蜴开始为战斗做准备。他每天来到稻田，在田里打滚。然后把脸和手洗干净，坐下晒太阳，直到身上的泥全都晒干。三个月以来，他每天都这样做。他的身体变得越来越大，越来越胖，竟变成一只大蜥蜴。

三个月之后，豹子和蜥蜴又在同一时间、同一地点相会了。战斗开始了。

豹子一次又一次地跳上去，用爪子抓蜥蜴。但每抓一次，只抓下一块泥，没能损伤蜥蜴一根毫毛。

蜥蜴跳上豹子的背，在他的耳朵、眼睛、鼻子和前额上乱咬，在它身上乱咬。鲜血从豹子的耳朵、眼睛、鼻子和前额往下淌，全身各处都在流血。但蜥蜴还在继续不停地咬，豹子浑身是伤，痛得再也受不住了。它大叫一声，拼命地逃跑了。

潜能开发

有的人认为，弱小的只有服从强大的才会有生存的可能，但很多时候，强大的并不能容忍弱小的生存。这个时候，弱小的如果想要生存下去，就要凭借自己的智慧了。

智慧赢得公主芳心

文成公主既聪明，长得又漂亮，很多国家都派使臣来求婚，其中就包括西藏王松赞干布。

文成公主是李世民最宠爱的女儿，他要为女儿选择一个最好的驸马。

于是，当求婚者纷纷到来的时候，唐太宗就决定考考他们的智慧，只有那个最聪明的人才能做公主的驸马。

太宗叫人牵来100匹马驹，100匹母马。然后，叫使臣们想办法让所有的马驹都找到生它的母马。结果，别的使臣都把毛色相同的分在了一起，他们以为白色的马驹是白色的母马生的，黑色的马驹是黑色的母马生的，黄色的马驹是黄色的母马生的。结果却都错了。

松赞干布是这样分的：他先把马驹和母马分开关起来，隔了一夜才把母马一匹匹地放到马驹中去。马驹一见自己的妈妈来了，忙扑上去吃奶。就这样一匹匹地放，一匹匹地找，不一会全分出来了。

唐太宗对松赞干布的答案很满意。

接着，唐太宗又出了第二道题目：他叫人扛来一根两头削得一样大小、一样光滑的檀香木棒，问使臣们，这根木棒哪头是根，哪头是梢？

使臣们面面相觑，却谁也答不出来。

这时候，只有松赞干布走出来，用一根绳拴在木棍的中央，然后把它放在花园的池塘里。他指着下沉的一头说："这下沉的一头是根，那浮着的一头是梢。"皇帝连连点头。

最后一道题目，唐太宗在使臣们面前放了一块很大的玉石，玉石上面有一个很小的洞眼，而且，这个洞眼并不是垂直凿穿的，而是一条曲曲弯弯的孔道，而且很长很长。唐太宗让他们把一根线沿着洞眼穿过去。

使臣们都觉得很为难。

松赞干布想了一会儿，忽然，他见地上有只蚂蚁在蠕动着，立刻心生一计。他把丝线拴在一只蚂蚁的肚子上，然后把系上细线的蚂蚁放到孔眼一头上，慢慢地朝里面吹了一口气。而在孔眼的那一头，他放了一些蜜糖。结果，那蚂蚁先头被风一吹，身不由己地就开始朝洞里爬，后来，它闻到了另一端的蜜糖的香味，就开始更加卖力地朝前爬了。就这样，等到蚂蚁爬到另一头的洞口的时候，细线也穿了过去。

唐太宗见三道难题都难不倒松赞干布，很高兴，心想只有这样聪明的人才配得上文成公主啊。

潜能开发

事情的逻辑关联并不像表面上看上去的那样简单，白马生的马驹未必也是白色的，同样的，看上去一样的木棒两端也有首末之分。解决问题的关键，是从事情本质的东西入手，而不能仅仅依靠表面所见。

给乞丐化妆

几乎没有人比阿伯特戴维森的谋生方式更奇异的了，故事得从他拒绝向乞丐施舍一个硬币说起。

“赏个小钱吧，先生。”一天，一个流浪汉向他乞讨。

当时的戴维森是个演员，已经失业了很长时间。因此他没好气地说：“别纠缠我，我也是身无分文。”

在乞丐转身走开时，戴维森发现他失去了左臂，但是脸色红润，衣着一点也不破烂。

“等一等，”戴维森把他叫住，问，“你知道我为什么一个子儿也不给你？”

乞丐不屑回答地摇了摇头。

“因为你看上去境况比我要好，”戴维森告诉他，“你跟我来。”

回到住所，戴维森拿出自己的化妆盒，开始朝那人的脸上涂抹油彩，一会儿工夫，那人就有了一副苍白的面容，脸上呈现出憔悴的皱纹，头发也被几剪子剪得乱蓬蓬的。

“你昨天挣了几个钱？”戴维森问。

“4 元。”

“那好，去试试今天能否多挣几个。”

两天后，这个乞丐来到戴维森的住所，交给他 5 元钱。化妆后的第一天，他挣了 30 元钱，这个数目近乎他从前最高所得的 7 倍。

没过多久，其他乞丐也纷纷前来求助于戴维森。

戴维森向每个人收费 2 元。他把他们装扮成一副孤独凄苦和绝望无助的样子，提示他们恰当掌握哀诉的嗓音。

在头一个月里，他每天给 18 个乞丐常客化妆。一年工夫，他搬进了一所条件良好的住宅，有了一部小汽车和一大笔银行存款。一连 16 年，他忘记了自己当演员的生涯，接触了成千上万的纽约乞丐。

有一次，2 万名乞丐在布朗克斯举行集会。这些人中，有 1.7 万人是（或曾经是）戴维森的顾客。他们的首席发言人在会上宣布："我们需要一个能为我们说话的受过教育的人。"有人提议阿伯特·戴维森，得到了一致通过。戴维森就这样成了纽约市乞丐协会的秘书长。

戴维森曾经承认，他从未梦想过这种指点乞丐行讨的行当，会像滚雪球似的越滚越大。这样干了几个月后，他发现自己再难独撑下去，因此不得不去雇几位演员同伴来做帮手。

潜能开发

可以说，智慧是财富之源，一个人只要拥有了智慧，无论从事哪个行当，只要能为别人带来帮助，他都能赚取财富，只要拥有智慧，在每个行当中，都有一些窍门可寻。

从危机中寻找转机

在美国的亚拉巴马州有一个小村庄，在这个村子的后面是一片空旷的场地。村子里的人们看着那么一大片空旷的土地觉得让它空着非常可惜，于是在村长的带领下村民们在那块土地上种上了树木。

很多年过去了，当年那片土地早已经是一片一望无际的森林了。由于一代又一代的村民完善的管理和合理的采伐，那些树棵棵粗大、挺拔，每一棵都价值不菲。如果把这些树卖出去，村民们就会变成百万富翁了。所以，这座村庄被人们称作是"百万村庄"。

村民们也深知这些森林会给他们带来财富，他们很为能拥有这么多的参天树木而感到自豪，也因此感谢他们的祖辈给他们留下了这么一笔财富。但是村民们绝不轻易去砍伐一棵树，这是他们的祖辈留给他们的珍贵财产，这绿意盎然的森林，浸透着祖辈的多少心血呀！多少趋之若鹜的木材商一次次地来找过村子的村长，要买这些树，但每一次都被村长坚决地拒绝了。村长明白，虽然村子里的村民现在的经济不宽裕，但在这个木材资源一天比一天匮乏的世界上，这片森林能多长一天，就是一笔难以估量的巨大财富。所以村民们从来就没有过卖树的想法，他们只是一心一意地管理着这片大森林，不到迫不得已，他们是不会伐掉一棵树的。

但谁也没料到，灾难却突如其来地降临到了这个村庄上。那年初冬，天气十分干燥，连续两个月，没下过一场雨，尤其是树林里，落满了深及人膝的焦黄枯叶，那些落叶干燥易燃，如果有一粒火星，也将会引起巨大的火灾。从晚秋到初冬，村民们都严阵以待，整天坚守在森林里，消除着各种火灾的隐患。但灾难总是防不胜防，有一天深夜，森林突然起火了，等到村民发觉时，熊熊的火势已经很快蔓延开了，半个夜空都被大火映红了，森林绵延的山岗就像一条条蜿蜒的赤色巨龙，在呼呼的夜风推波助澜下，迅速从一座山岗燃向另一座山岗，所有的树木顿时在短短两个钟头之内成了一片熊熊的火海。

森林消防警察和紧急起飞的消防直升机匆匆赶到时，火势已经无法控制了，大家只能一声一声叹息着眼睁睁地看着这场火把一片上百年的森林，在转眼之间化成了一堆让人心痛的灰烬。

看着所有的资产转眼之间成了灰烬，村民们欲哭无泪。向来开朗、幽默的村长一下子垮了，他神情呆滞，满脸懊悔地对村民说：“这下子我们完了，彻底完了，所有的财产化为了乌有，还有一笔一笔的银行贷款……”

其中有一位已经哭干了眼泪的老人沉默了好久才对村长说：“孩子，我们没有彻底完蛋，森林是没有了，但我们还有其他的东西！别把事情想得那么糟，我们是没有木材可以卖了，但我们至少还有大火留给我们的木炭啊！”

“木炭？”村长愣了，是啊，大火烧掉了森林，但大火却留下了多少木炭啊！那么一大片森林，将会是多么大的一堆木炭啊。第二天，村长就带着村民们匆匆上山了，他们迅速在烧毁的林地上挖了几百个炭窑，将那些还在冒烟的庞大树干伐倒投进了炭窑里。一个多月后，他们拥有了上百万吨的上好木炭，这些木炭运进城里后，很快就被人们抢购一空。从此，这个村庄真的成为了一个百万村庄。

潜能开发

所有的事情都会有失败的可能，也就是会有一些所谓的“危机”，但是，在这些危机里面不仅仅只有危险，还会有机遇。所以，当危机不期而至的时候，一定要冷静地去看待这些危机，争取从中发现机遇。

会做还要会说

有一个技艺很高的理发师傅，在他40岁时收了个徒弟。

徒弟学艺半年后，这天正式上岗。

他给第一位顾客理完发，顾客照照镜子说：“头发留得太长。”徒弟不语。

师傅在一旁笑着解释：“头发长，使您显得含蓄，这叫藏而不露，很符合您的身份。”顾客听罢，高兴而去。

徒弟给第二位顾客理完发，顾客照照镜子说：“头发剪得太短。”徒弟无语。

师傅笑着解释：“头发短，使您显得精神、朴实、厚道，让人感到亲切。”顾客听了，欣喜而去。

徒弟给第三位顾客理完发，顾客一边交钱一边笑道：“花时间挺长的。”徒弟无言。

师傅笑着解释：“为‘首脑’多花点时间很有必要，您没听说：进门苍头秀士，出门白面书生？”顾客听罢，大笑而去。

徒弟给第四位顾客理完发，顾客一边付款一边笑道：“动作挺利索，20

分钟就解决问题。”徒弟不知所措，沉默不语。

师傅笑着抢答：“如今，时间就是金钱，‘顶上功夫’速战速决，为您赢得了时间和金钱，您何乐而不为？”顾客听了，欢笑告辞。

晚上打烊后。徒弟怯怯地问师傅：“您为什么处处替我说话？难道我没一次做对过？”

师傅宽厚地笑道：“每一件事都包含着两重性，有对有错，有利有弊。我之所以在顾客面前鼓励你，作用有两个：对顾客来说，是讨人家喜欢，因为谁都爱听吉利的话；对你而言，既是鼓励又是鞭策，因为万事开头难，我希望你以后把活做得更加漂亮。”

徒弟听后深受感动。

从此，他越发刻苦学艺，技艺也日益精湛；同时，他也苦练口才，说得一口漂亮话。后来，他成了远近闻名的理发师。

潜能开发

只会做不会说或只会说不会做，都无法把事情办得圆满，只有把会做和会说结合起来，才是做事之道。

急于求成不如迂回战术

从前，有一个海岛，岛上有很多沉积了多年的大颗的珍珠，价值都非常昂贵。可谁也无法接近这个海岛，只有栖息在海岸附近的海鸟能飞行往来在这个岛上。

很多人慕名而来，带有枪支弹药，捕杀飞回岸边的海鸟。因为这种海鸟每到白天都会飞到岛上去吃那光如明月的珍珠。

时间长了，海鸟渐渐地快灭绝了，即使剩下的几只也过得胆战心惊，只要一闻到人的气息，看到人的踪影，就会早早地逃走。

后来，来了一个很有智慧的商人，他在海岸附近买下大片的树林，并在树林周围围上栅栏，不让闲杂人走进他的树林。同时，他严厉告诫他的仆人，不许在树林里捕捉或驱赶海鸟，更不许放枪。

于是，当海岸其他地方的枪声一响，就会有海鸟在惊慌逃窜中不经意闯进他的树林。时间一长，海鸟渐渐地都留在他的树林里栖息。它们也因此不必再为安全而战战兢兢。

等海鸟在他的树林里逐渐安定下来的时候，他开始用各种粮食果实等，做成味道鲜美的百味食物，撒给这些海鸟吃。海鸟贪吃百味食物，吃得十分饱满，就把肚中的珍珠全部吐了出来。

日复一日，这个商人就成了百万富翁。

潜能开发

在很多问题上，急于求成的人往往会采取过于直接的手法，这种做法在短期内可能会有一定的成效，但从长远来看就不然了。眼光长远的人善于采取迂回战术，它虽不能起到立竿见影的效果，却能间接地达到目的。